この1冊で合格!

科目免除者用

教育系 YouTuber けみの

乙種 第1・2・3・5・6類 危険物取扱者 テキスト&問題集

危険物取扱者講師 けみ 著

本書には、「**赤色チェックシート**」がついています。

KADOKAWA

はじめに

はじめまして！　**登録者数7万人超のYouTube「けみちるちゃんねる」**で「危険物取扱者」や「電気工事士」の講義動画などを配信している「けみ」です。

危険物取扱者は、消防法に基づく危険物を取扱うための国家資格です。大きく分けて甲種・乙種・丙種の3種類があり、甲種がもっとも難易度が高く、以下、乙種、丙種と続きます。乙種は、さらに第1類から第6類に分かれており、それぞれの**試験に合格すると「危険物取扱者免状」が交付**され、免状に指定された類の危険物を取扱うことができます。

乙種のいずれかの危険物取扱者免状を有する方が、その他の乙種を受験する場合、試験科目の「危険物に関する法令」と「基礎的な物理学及び基礎的な化学」が免除になります。本書も、すでにいずれかの乙種危険物取扱者免状を有する方が乙種第1・2・3・5・6類 危険物取扱者の試験に合格することを目標にし、免除科目の解説は割愛して、**各類の基礎知識や特性が効率的に学べる**ようになっています（免除科目の学習には、拙著『この1冊で合格！　教育系YouTuberけみの乙種第4類危険物取扱者 テキスト＆問題集』をご活用ください）。

これまで危険物取扱者の**受験者向けにさまざまな講義をし、多くの方の合格の手助け**をしてきました。そうした講義で培ってきたノウハウを本書に詰め込んでいます。YouTubeに寄せられたコメントから、受験者の方が苦手とする内容や理解しにくい内容の傾向を細かく把握しており、それらについてはより丁寧に解説しています。図や表も多く取り入れ、**試験に出るところを中心に先生が生徒の疑問などに答える会話形式でわかりやすく解説**しています。読み進めることで自然と知識が定着していく内容になっていますので、「勉強が苦手」という方でも楽しく勉強していただけると思います。

また、YouTubeに投稿している危険物取扱者の解説動画も組合わせることで、より理解が深まると思います。必要な方は、是非ご活用ください。

数多くの書籍の中から本書を選んでいただき、ありがとうございます。1人でも多くの方が本書を通じて乙種第1・2・3・5・6類 危険物取扱者に合格し、活躍されることを祈念しています。

危険物取扱者講師
けみちるちゃんねる　けみ

本書の特徴

教育系人気 YouTuber が 最短＆独学合格をナビゲート！

危険物取扱者講師
けみ

本書は、「乙種第 1 類〜第 6 類 危険物取扱者」の講義動画で再生回数 700 万回以上を誇る「けみちるちゃんねる」のけみ講師が執筆しています。これまで数多くの受講者を合格に導き、「わかりやすい」「覚えやすい」と好評を得てきた合格メソッドを 1 冊に凝縮。合格レベルの知識が、初学者でも独学者でも楽しく着実に身につきます！

本書の４大ポイント！

1 乙種講義の人気講師が必修ポイントを公開

「動画を見て合格できた」と受講者から好評を得ている乙種第 1 類〜第 6 類の試験対策動画で人気の教育系 YouTuber けみ講師が、合格のための必修ポイントをわかりやすく解説しています。

2 カラー＋赤シート付き＋見開き完結

「テキスト」「まとめ」「復習問題」「一問一答」をカラーで掲載し、重要語句などを付属の赤シートで隠しながら覚えられます。基本的に必修テーマが見開き完結でまとまり、テンポよく学べます。

3 講義感覚で学べる会話形式の解説

生徒の疑問に答える先生と生徒の「会話形式」で解説しているため「知りたいこと」が学べます。図や表も豊富に掲載しており、直感的に理解でき、暗記もスムーズに進みます。

4 豊富な問題でアウトプットも◎

必修テーマに即した「練習問題」「復習問題」「一問一答」に加え、2 回分の「予想模擬試験」を用意。テキスト解説を読んでインプットし、問題を解いてアウトプットすることで確実に知識が定着。

本書の使い方

テキスト～予想模試の5つのツールで試験をラクラク突破！

テキスト

「豊富な図解」＋「先生と生徒の会話形式」で
必修テーマをわかりやすく解説！
練習問題も解きながら学んで合格をゲット！

①練習問題
各セクション内容に即した問題。ここで学ぶ内容が試験でどのように問われるかがわかる！　練習問題だけを解き進めるのもオススメ

②図・表
重要な内容が図や表でまとまっていてわかりやすい！

③重要語句
赤シートで隠しながら覚えよう

④練習問題解説
練習問題を解いたらココをチェック！

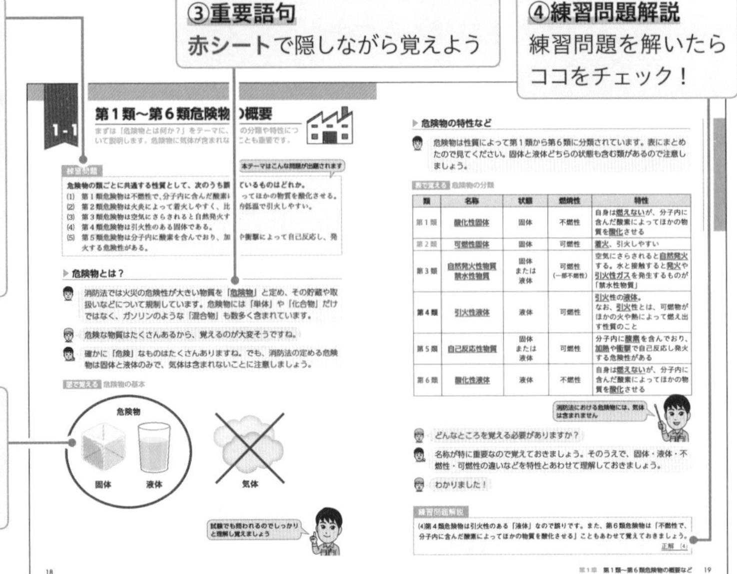

1-1 第1類～第6類危険物の概要

まずは「危険物とは何か？」をテーマに、の分類や特性について説明します。危険物に気体が含まれなことも重要です。

練習問題

本テーマはこんな問題が出題されます

危険物の類ごとに共通する性質として、次のうち誤っているものはどれか。
(1) 第1類危険物は不燃性で、分子内に含んだ酸素によってほかの物質を酸化させる。
(2) 第2類危険物は火炎によって着火しやすく、比較的低温で引火しやすい。
(3) 第3類危険物は空気にさらされると自然発火す
(4) 第4類危険物は引火性のある固体である。
(5) 第5類危険物は分子内に酸素を含んでおり、加熱や衝撃によって自己反応し、発火する危険性がある。

▶ 危険物とは？

消防法では火災の危険性が大きい物質を「危険物」と定め、その貯蔵や取扱いなどについて規制しています。危険物には「単体」や「化合物」だけではなく、ガソリンのような「混合物」も数多く含まれています。

危険な物質はたくさんあるから、覚えるのが大変そうですね。

確かに「危険」なものはたくさんありますね。でも、消防法の定める危険物は固体と液体のみで、気体は含まれないことに注意しましょう。

図で覚える　危険物の基本

▶ 危険物の特性など

危険物は性質によって第1類から第6類に分類されています。表にまとめたので見てください。固体と液体どちらの状態も含む類があるので注意しましょう。

表で覚える　危険物の分類

類	名称	状態	燃焼性	特性
第1類	酸化性固体	固体	不燃性	自身は燃えないが、分子内に含んだ酸素によってほかの物質を酸化させる
第2類	可燃性固体	固体	可燃性	着火、引火しやすい
第3類	自然発火性物質 禁水性物質	固体 または 液体	可燃性 (一部不燃性)	空気にさらされると自然発火する。水と接触すると発火や引火性ガスを発生するものが「禁水性物質」
第4類	引火性液体	液体	可燃性	引火性の液体。 なお、引火性とは、可燃物がほかの火や熱によって燃え出す性質のこと
第5類	自己反応性物質	固体 または 液体	可燃性	分子内に酸素を含んでおり、加熱や衝撃で自己反応し発火する危険性がある
第6類	酸化性液体	液体	不燃性	自身は燃えないが、分子内に含んだ酸素によってほかの物質を酸化させる

どんなところを覚える必要がありますか？

名称が特に重要なので覚えておきましょう。そのうえで、固体・液体・不燃性・可燃性の違いなどを特性とあわせて理解しておきましょう。

わかりました！

練習問題解説

(4)第4類危険物は引火性のある「液体」なので誤りです。また、第6類危険物は「不燃性で、分子内に含んだ酸素によってほかの物質を酸化させる」こともあわせて覚えておきましょう。

正解 (4)

18

第1章　第1類～第6類危険物の概要など　19

まとめ

各パートで学んだ内容で、特に重要なものをまとめて掲載。重要語句やポイントの部分などを、付属の赤シートで隠しながら覚えよう。試験直前期に、ざっと全体を見直す際にも活用しよう。

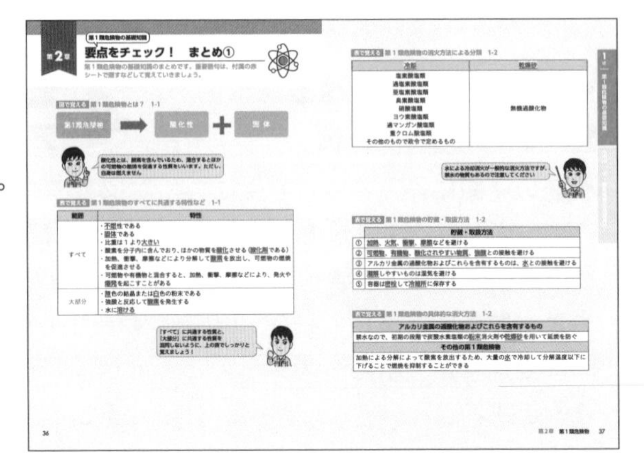

第2章　第1類危険物の基礎知識

要点をチェック！　まとめ①

表で覚える　第1類危険物のすべてに共通する特性など　1-1

範囲	特性
すべて	・不燃性である ・固体である ・比重は1より大きい ・酸素を分子内に含んでおり、ほかの物質を酸化させる（酸化剤である） ・加熱、衝撃、摩擦などにより分解して酸素を放出し、可燃物の燃焼を促進させる ・可燃物や有機物と混合すると、加熱、衝撃、摩擦などにより、発火や爆発を起こすことがある
大部分	・無色の結晶または白色の粉末である ・強酸と反応して酸素を発生する ・水に溶ける

表で覚える　第1類危険物の消火方法による分類　1-2

冷却	乾燥砂
塩素酸塩類 過塩素酸塩類 亜塩素酸塩類 臭素酸塩類 硝酸塩類 ヨウ素酸塩類 過マンガン酸塩類 重クロム酸塩類 その他のもので政令で定めるもの	無機過酸化物

表で覚える　第1類危険物の貯蔵・取扱方法　1-2

	貯蔵・取扱方法
①	加熱、火気、衝撃、摩擦などを避ける
②	可燃物、有機物、酸化されやすい物質、強酸との接触を避ける
③	アルカリ金属の過酸化物およびこれらを含有するものは、水との接触を避ける
④	潮解しやすいものは湿気を避ける
⑤	容器は密栓して冷暗所に保存する

表で覚える　第1類危険物の具体的な消火方法　1-2

アルカリ金属の過酸化物およびこれらを含有するもの
禁水なので、初期の段階で炭酸水素塩類の粉末消火剤や乾燥砂を用いて延焼を防ぐ
その他の第1類危険物
加熱による分解によって酸素を放出するため、大量の水で冷却して分解温度以下に下げることで燃焼を抑制することができる

36

第2章　第1類危険物　37

復習問題

各パートの終わりに、それまでに学んだ必修テーマに関する問題を掲載。各セクションの練習問題とは違う切り口の内容になっており、復習問題を解くことで知識をより深めることができる。間違えた問題や苦手な分野は必ず再度解いてみよう！

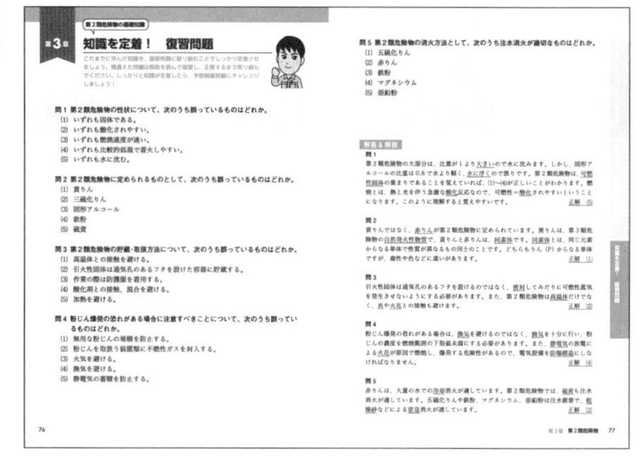

第3章

第2類危険物の基礎知識

知識を定着！　復習問題

これまでに学んだ知識を、復習問題に取り組むことでしっかり定着させましょう。間違えた問題は解説を読んで復習し、正解するまで取り組んでください。しっかりと知識が定着したら、予想模擬試験にチャレンジしましょう！

問1 第2類危険物の性状について、次のうち誤っているものはどれか。
(1) いずれも固体である。
(2) いずれも酸化されやすい。
(3) いずれも燃焼速度が速い。
(4) いずれも比較的低温で着火しやすい。
(5) いずれも水に沈む。

問2 第2類危険物に定められるものとして、次のうち誤っているものはどれか。
(1) 黄りん
(2) 三硫化りん
(3) 固形アルコール
(4) 鉄粉
(5) 硫黄

問3 第2類危険物の貯蔵・取扱方法について、次のうち誤っているものはどれか。
(1) 高温体との接触を避ける。
(2) 引火性固体は通気孔のあるフタを設けた容器に貯蔵する。
(3) 作業の際は防護服を着用する。
(4) 酸化剤との接触、混合を避ける。
(5) 加熱を避ける。

問4 粉じん爆発の恐れがある場合に注意すべきことについて、次のうち誤っているものはどれか。
(1) 無用な粉じんの堆積を防止する。
(2) 粉じんを取扱う装置類に不燃性ガスを封入する。
(3) 火気を避ける。
(4) 換気を避ける。
(5) 静電気の蓄積を防止する。

76

問5 第2類危険物の消火方法として、次のうち注水消火が適切なものはどれか。
(1) 五硫化りん
(2) 赤りん
(3) 鉄粉
(4) マグネシウム
(5) 亜鉛粉

解答＆解説

問1
第2類危険物の大部分は、比重が1より大きいので水に沈みます。しかし、固形アルコールの比重は0.8で水より軽く、水に浮くので誤りです。第2類危険物は、可燃性固体の集まりであることを覚えていれば、(1)〜(4)が正しいことがわかります。燃焼とは、熱と光を伴う急激な酸化反応なので、可燃性＝酸化されやすいということになります。このように理解すると覚えやすいです。　正解 (5)

問2
黄りんではなく、赤りんが第2類危険物に定められています。黄りんは、第3類危険物の自然発火性物質で、黄りんと赤りんは、同素体です。同素体とは、同じ元素からなる単体で性質が異なるもの同士のことです。どちらもりん（P）からなる単体ですが、毒性や色などに違いがあります。　正解 (1)

問3
引火性固体は通気孔のあるフタを設けるのではなく、密封してみだりに可燃性蒸気を発生させないようにする必要があります。また、第2類危険物は高温体だけでなく、炎や火花との接触も避けます。　正解 (2)

問4
粉じん爆発の恐れがある場合は、換気を避けるのではなく、換気を十分に行い、粉じんの濃度を燃焼範囲の下限値未満にする必要があります。また、静電気の放電による火花が原因で燃焼し、爆発する危険性があるので、電気設備を防爆構造にしなければなりません。　正解 (4)

問5
赤りんは、大量の水での冷却消火が適しています。第2類危険物では、硫黄も注水消火が適しています。五硫化りんや鉄粉、マグネシウム、亜鉛粉は注水厳禁で、乾燥砂などによる窒息消火が適しています。　正解 (2)

第3章　第2類危険物　77

一問一答

各章の内容を穴埋め形式の一問一答で掲載。重要度の高い順に「☆☆＞☆＞無印」を各問題に記載しているので、試験直前期の復習にも超お役立ち！　付属の赤シートで隠しながらどんどん解いて、知識を身につけよう。

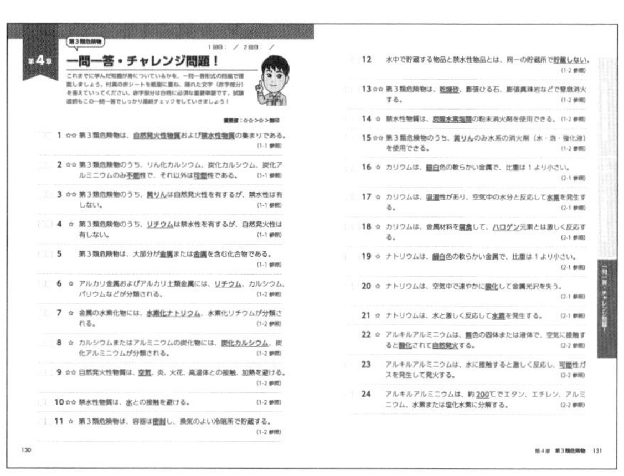

第4章

第3類危険物

1回目：　／　2回目：　／

一問一答・チャレンジ問題！

これまでに学んだ知識が身についているかを、一問一答形式の問題で確認しましょう。付属の赤シートを紙面に重ね、隠れた文字（赤字部分）を答えていってください。赤字部分は合格に必須な重要単語です。試験直前もこの一問一答でしっかり最終チェックをしていきましょう！

重要度：☆☆＞☆＞無印

1 ☆☆ 第3類危険物は、自然発火性物質および禁水性物質の集まりである。（1-1 参照）
2 ☆☆ 第3類危険物のうち、りん化カルシウム、炭化カルシウム、炭化アルミニウムのみ不燃性で、それ以外は可燃性である。（1-1 参照）
3 ☆☆ 第3類危険物のうち、黄りんは自然発火性を有するが、禁水性は有しない。（1-1 参照）
4 ☆ 第3類危険物のうち、リチウムは禁水性を有するが、自然発火性は有しない。（1-1 参照）
5 第3類危険物は、大部分が金属または金属を含む化合物である。（1-1 参照）
6 ☆ アルカリ金属およびアルカリ土類金属には、リチウム、カルシウム、バリウムなどが分類される。（1-2 参照）
7 ☆ 金属の水素化物には、水素化ナトリウム、水素化リチウムが分類される。（1-2 参照）
8 ☆ カルシウムまたはアルミニウムの炭化物には、炭化カルシウム、炭化アルミニウムが分類される。（1-2 参照）
9 ☆☆ 自然発火性物質は、空気、炎、火花、高温体との接触、加熱を避ける。（1-2 参照）
10 ☆☆ 禁水性物質は、水との接触を避ける。（1-2 参照）
11 ☆ 第3類危険物は、容器は密封し、換気のよい冷暗所で貯蔵する。（1-2 参照）

130

12 水中で貯蔵する物品と禁水性物品とは、同一の貯蔵所で貯蔵しない。（1-2 参照）
13 ☆☆ 第3類危険物は、乾燥砂、膨張ひる石、膨張真珠岩などで窒息消火する。（1-2 参照）
14 ☆ 禁水性物質は、炭酸水素塩類の粉末消火剤を使用できる。（1-2 参照）
15 ☆☆ 第3類危険物のうち、黄りんのみ水系の消火剤（水・泡・強化液）を使用できる。（1-2 参照）
16 ☆ カリウムは、銀白色の軟らかい金属で、比重は1より小さい。（2-1 参照）
17 ☆ カリウムは、吸湿性があり、空気中の水分と反応して水素を発生する。（2-1 参照）
18 ☆ カリウムは、金属材料を腐食して、ハロゲン元素とは激しく反応する。（2-1 参照）
19 ☆ ナトリウムは、銀白色の軟らかい金属で、比重は1より小さい。（2-1 参照）
20 ☆ ナトリウムは、空気中で速やかに酸化して金属光沢を失う。（2-1 参照）
21 ☆ ナトリウムは、水と激しく反応して水素を発生する。（2-1 参照）
22 ☆ アルキルアルミニウムは、無色の固体または液体で、空気に接触すると酸化されて自然発火する。（2-2 参照）
23 アルキルアルミニウムは、水に接触すると激しく反応し、可燃性ガスを発生して発火する。（2-2 参照）
24 アルキルアルミニウムは、約200℃でエタン、エチレン、アルミニウム、水素または塩化水素に分解する。（2-2 参照）

第4章　第3類危険物　131

予想模擬試験

テキストや練習問題などで一通り学習したら時間を計って予想模擬試験（各類2回）にチャレンジ！　問題は、試験合格のために必須な内容を厳選して掲載。解説は、赤シートで重要語句が隠せるので、読むだけでも知識が定着！

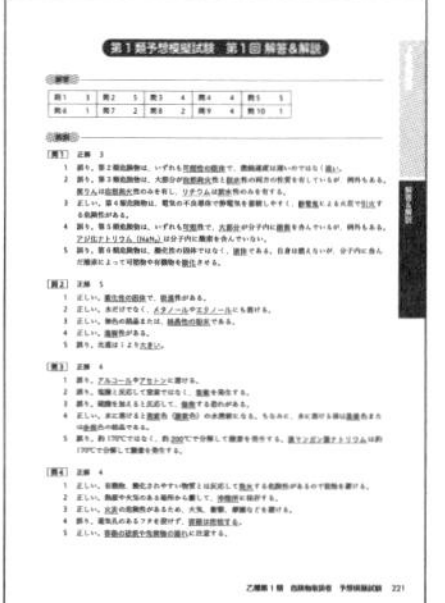

楽しく学びながら
必須の知識を身につけよう！

オススメ勉強法

独学で試験に「最短一発合格」するためのゴールデンルートを教えます！

① 合格するための考え方＝よく問われる箇所を重点的に学習

危険物取扱者試験は、**各科目で60％以上正答することで合格**できます。いい換えれば、40％未満であれば間違えても合格することができるため、**試験でよく出る箇所を重点的に勉強**することが重要です。また、科目免除者でない方は、**得意科目も苦手科目もバランスよく学習**していくことが合格の鍵です。本書に掲載のない「免除科目」を学習される場合は、拙著『この１冊で合格！　教育系YouTuber けみの乙種第４類危険物取扱者 テキスト＆問題集』をご活用ください。なお、本書の第１章の内容は、どの類でも出題される可能性があります。必ず学習してください。

② テキスト３周と予想模擬試験２回で合格（1 か月）

⑴ テキスト１周目　**試験１か月前に開始：５日で終える**

テキストを１周するだけでは、合格するための実力はつきませんので、**３周**することをオススメします。**１周目は簡単に目を通してみましょう**。テキストに目を通すことで試験を全体的に把握できます。１周目では、暗記をしたり難しい箇所を理解したりする必要はありません。

⑵ テキスト２周目　**試験25日前に開始：９日で終える**

２周目は熟読しましょう。一度全体に目を通しているため、内容を理解しやすいと思います。パートや章末ごとにある「まとめ」や「一問一答」を活用して効率よく暗記していきましょう。

⑶「予想模擬試験 第１回」に挑戦　**試験16日前に開始：２日で終える**

テキストを２周したら、**自分の実力を確認**してみましょう。本書には、模試を２回分収録しています。その１回分を**本番と同様に35分で解いてみる**ことで、試験当日の時間配分の感覚を掴むことができるはずです。見直しの時間も考慮しましょう。
解き終えたら、**「解答＆解説」を読みながら自己採点**しましょう。自己採点をすることで自分の実力を数値で見ることができます。**合格まで何点必要なのか、どの分野を間違えたのか**をしっかり分析しておきましょう。模試を単なる実力確認用にするのではなく、**自分の苦手分野を知るためのツール**としても利用してください。

⑷ テキスト3周目　試験14日前に開始：5日で終える

3周目は、**第1回の予想模擬試験で間違えた分野や苦手と感じた分野を中心に勉強**し、間違えた問題を正解できるようにしましょう。模試で正解した問題を勉強しても、点数が安定するだけで点数が上がることはありません。試験の点数を上げるには、間違えた問題を正解する必要があるのです。

⑸「予想模擬試験 第2回」に挑戦　試験9日前に開始：2日で終える

第1回と同様に、35分間計りながら解いてみましょう。「解答＆解説」を読みながら自己採点をし、**自分の間違えた分野や苦手な分野をピックアップ**しましょう。

⑹ 試験当日まで　試験7日前に開始：7日で終える

テキスト3周と予想模擬試験2回分を終えて、合格する実力はついてきていると思います。試験当日までは、**合格できる可能性を1％でも高くしていきましょう。**模試をもう一度解いてみて、間違えた分野をルーズリーフなどにまとめておきましょう。まとめたものは、試験直前の復習に使用するのもオススメです。

⑺ 試験当日の注意点

どれだけ実力があったとしても、遅刻をしたり忘れ物をしたりすると、合格が遠のきます。**持ち物を再確認して、当日は余裕をもって試験会場に着く**ようにしましょう。**試験中は、焦らず時間配分を意識して、解いたあとの見直しは最低3回**してください。1問差で不合格というのはよくあることなので、正解できる問題は確実に得点しましょう。

持ち物リスト
- ○受験票
- ○鉛筆（BまたはHB）
- ○消しゴム
- ○身分証明書（運転免許証など）
- ○時計

試験の概要

「受験資格」「試験科目」「申し込み方法」などをしっかりおさえて合格へ一直線！

① 危険物取扱者とは？

危険物取扱者は、**消防法に基づく危険物を取扱うための国家資格**で、都道府県知事から委託された「一般財団法人 消防試験研究センター」（各都道府県支部）が試験を実施しています。**難易度が高い順から甲種・乙種・丙種の 3 種類**があり、**乙種はさらに第 1 類から第 6 類**に分かれています。

取扱うことができる危険物	
甲種危険物取扱者	第 1 類～第 6 類危険物のすべて
乙種危険物取扱者	第 1 類～第 6 類危険物のうち、取得した類のみ
丙種危険物取扱者	第 4 類危険物のうち、指定されたもののみ

② 危険物取扱者になるには？

甲種・乙種第 1 ～第 6 類・丙種それぞれの**試験に合格し、必要な登録を行うことで「危険物取扱者免状」が交付**され、免状に指定された類の危険物を取扱える「危険物取扱者」になることができます。**取得した免状は全国どの都道府県でも有効**です。

③ 乙種第 1・2・3・5・6 類 危険物取扱者試験の内容

(1) 試験形式と試験科目

試験方法は筆記試験のみで、実技試験などはありません。受験資格はなく**誰でも受験可能**です。筆記試験は**五肢択一式のマークシート**です。乙種第 1・2・3・5・6 類 危険物取扱者試験は 3 科目あり、試験科目・問題数・試験時間は以下の通りです。

試験科目	問題数		試験時間
危険物に関する法令	15	合計 35 問	120 分
基礎的な物理学及び基礎的な化学	10		
危険物の性質並びにその火災予防及び消火の方法	10		

すでに、いずれかの乙種危険物取扱者免状を有する方は、試験科目の「危険物に関する法令」と「基礎的な物理学及び基礎的な化学」が免除されます。科目免除者の試験科目内容は次ページの通りです。本書の内容も科目免除の方向けとなっています。

試験科目	問題数	試験時間
危険物の性質並びにその火災予防及び消火の方法	10	35 分

⑵ 合格基準

合格するには、**各科目で 60%以上**正解する必要があります。**1 科目でも 60%未満だと、ほかの 2 科目が満点でも不合格**になります。科目免除の方は、「危険物の性質並びにその火災予防及び消火の方法」（黄色の科目）の正答率が 60%以上で合格となります。

試験科目	問題数	合格に必要な正解数
危険物に関する法令	15	9
基礎的な物理学及び基礎的な化学	10	6
危険物の性質並びにその火災予防及び消火の方法	10	6

⑶ 受験者数・合格者数（全国平均合格率）

	第 1 類	第 2 類	第 3 類	第 5 類	第 6 類
受験者数	10,330 人	9,964 人	11,940 人	12,041 人	12,181 人
合格者数	7,206 人	6,985 人	8,385 人	8,481 人	8,412 人
合格率	69.8 %	70.1 %	70.2 %	70.4 %	69.1 %

※上記の表は、令和元年度～令和 4 年度の平均を掲載（四捨五入）

⑷ 試験地・受験会場・試験日

試験は、都道府県ごとに実施され、居住地や勤務地などに関係なく、**全国どの都道府県でも何回でも受験することができます。**
試験日は、都道府県で異なりますが、各都道府県で年度内に複数回実施されています。

④ 受験申し込みと問い合わせ先

受験の申請方法は、**書面申請と電子申請の 2 種類**があります。どちらも**受験料は、4,600 円**です（※すでにいずれかの乙種危険物取扱者免状を有する方は、願書と一緒に「免状のコピー」を提出することで科目免除となります）。

⑴ 書面申請する場合

受験案内や受験願書などは、**消防試験研究センターの各支部や関係機関、各消防本部の窓口**にて**無料**で入手することができます。
受験願書は、願書受付期間中に**受験する都道府県の消防試験研究センターの支部に郵送または持参**することで提出できます。提出後、消防試験研究センターから**ハガキの受験票**が送られます。

(2) 電子申請する場合

消防試験研究センターのホームページから受験申し込みができます。申し込み後、**メールにて受験票が送信**されるため、自分で印刷することで受験票を入手することができます。

⑤ 合格発表

合格発表の確認方法は 3 種類あります。

(1) 消防試験研究センターの各支部にある窓口にて、合格した受験者の受験番号が公示されます。
(2) 公示日の正午に消防試験研究センターのホームページでも公示されます。
(3) 合否に関わらず、受験者には「試験結果通知書」が送付されます。

⑥ 免状の交付申請

試験に合格したら、免状を申請することができます。

合格した方は、合格発表後に免状交付申請の手続きを行うことができます

(1) 申請先

受験した各道府県の**消防試験研究センター支部**に申請します。
東京都の申請先は**中央試験センター**になります。

(2) 申請に必要なもの

ア 免状交付申請書及び試験結果通知書（切り離さない）
試験日から 6 か月以上経過して申請する場合は、新たに写真 1 枚が必要。

イ 免状を受け取るための送付用封筒（免状を郵送で受け取る場合）
窓口で直接受け取りたい場合は、各道府県の消防試験研究センター支部（東京都の場合は中央試験センター）に、事前に問い合わせてください。

ウ 手数料
各都道府県の指定にしたがって手数料を納付します。詳細は各道府県の消防試験研究センター、東京都の場合は中央試験センターで確認しましょう。

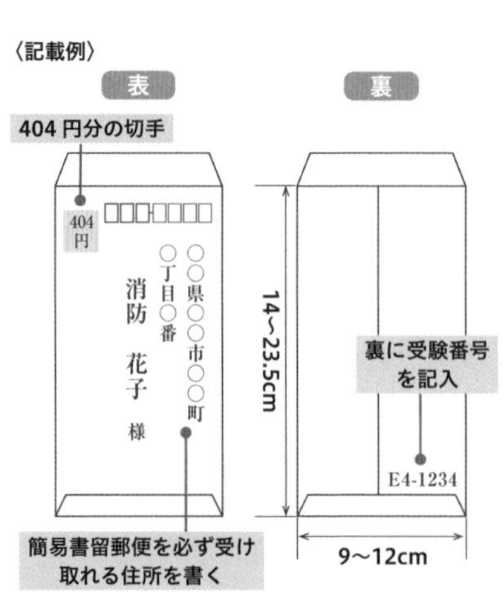

Contents

2nd Part 第１類危険物の各種特性

第3章 第2類危険物

1st Part 第２類危険物の基礎知識

2nd Part 第２類危険物の各種特性

第4章 第3類危険物

1st Part 第3類危険物の基礎知識

2nd Part 第3類危険物の各種特性

第5章 第5類危険物

1st Part 第5類危険物の基礎知識

予想模擬試験

本書は原則として、2023 年 7 月時点での情報を基に原稿の執筆・編集を行っております。試験に関する最新情報は、試験実施機関のウェブサイトなどにてご確認ください。また、本書には問題の正解などの赤字部分を隠すための赤シートが付属されています。

本文デザイン・DTP／次葉
イラスト／大塚たかみつ
編集協力・校閲／エデュ・プラニング
校正／群企画

第１章

第１類～第６類 危険物の概要など

まずは第１類～第６類危険物の全体像を理解しましょう。乙種の試験では、第１類の試験で第２類～第６類に関する知識も問われることなどがありますから、「危険物とは？」にはじまり、該当する類以外のこともあわせて学んでおきましょう！

1-1

第1類～第6類危険物の概要

まずは「危険物とは何か？」をテーマに、その分類や特性について説明します。危険物に気体が含まれないことも重要です。

本テーマはこんな問題が出題されます

練習問題

危険物の類ごとに共通する性質として、次のうち誤っているものはどれか。

(1) 第1類危険物は不燃性で、分子内に含んだ酸素によってほかの物質を酸化させる。
(2) 第2類危険物は火炎によって着火しやすく、比較的低温で引火しやすい。
(3) 第3類危険物は空気にさらされると自然発火する。
(4) 第4類危険物は引火性のある固体である。
(5) 第5類危険物は分子内に酸素を含んでおり、加熱や衝撃によって自己反応し、発火する危険性がある。

▶危険物とは？

消防法では火災の危険性が大きい物質を「**危険物**」と定め、その貯蔵や取扱いなどについて規制しています。危険物には「単体」や「化合物」だけではなく、ガソリンのような「混合物」も数多く含まれています。

危険な物質はたくさんあるから、覚えるのが大変そうですね。

確かに「危険」なものはたくさんありますね。でも、消防法の定める危険物は固体と液体のみで、気体は含まれないことに注意しましょう。

図で覚える 危険物の基本

試験でも問われるのでしっかりと理解し覚えましょう

▶危険物の特性など

危険物は性質によって第１類から第６類に分類されています。表にまとめたので見てください。固体と液体どちらの状態も含む類があるので注意しましょう。

表で覚える 危険物の分類

類	名称	状態	燃焼性	特性
第１類	酸化性固体	固体	不燃性	自身は燃えないが、分子内に含んだ酸素によってほかの物質を酸化させる
第２類	可燃性固体	固体	可燃性	着火、引火しやすい
第３類	自然発火性物質 禁水性物質	固体 または 液体	可燃性 （一部不燃性）	空気にさらされると自然発火する。水と接触すると発火や引火性ガスを発生するものが「禁水性物質」
第４類	引火性液体	液体	可燃性	引火性の液体。 なお、引火性とは、可燃物がほかの火や熱によって燃え出す性質のこと
第５類	自己反応性物質	固体 または 液体	可燃性	分子内に酸素を含んでおり、加熱や衝撃で自己反応し発火する危険性がある
第６類	酸化性液体	液体	不燃性	自身は燃えないが、分子内に含んだ酸素によってほかの物質を酸化させる

消防法における危険物には、気体は含まれません

どんなところを覚える必要がありますか？

名称が特に重要なので覚えておきましょう。そのうえで、固体・液体・不燃性・可燃性の違いなどを特性とあわせて理解しておきましょう。

わかりました！

練習問題解説

(4)第４類危険物は引火性のある「液体」なので誤りです。また、第６類危険物は「不燃性で、分子内に含んだ酸素によってほかの物質を酸化させる」こともあわせて覚えておきましょう。

正解 (4)

1-2 第1類～第6類危険物の基本特性

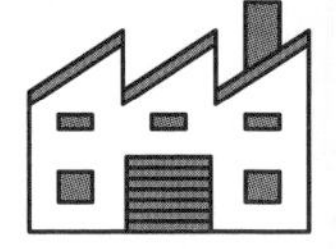

各類危険物の基本特性について、おさえておくべきポイントを解説します。「すべて」「大部分」などの範囲にも注目です。

練習問題　本テーマはこんな問題が出題されます

第1類から第6類危険物の性状について、次のうち誤っているものはどれか。

(1)　第1類危険物は、すべて不燃性である。
(2)　第2類危険物は、すべて酸化されやすく、燃焼速度が速い。
(3)　第3類危険物は、すべて自然発火性と禁水性の両方の性質を有する。
(4)　第5類危険物は、分子内に酸素を含んでいるものが多い。
(5)　第6類危険物は、有毒な蒸気を発生するものが多い。

▶ 危険物の各類の基本特性

たとえば、第1類の試験でも第3類や第6類の性状が問われるなど、受験する類以外の内容が試験で問われることがあります。

えっ！　そうなんですか！　覚えることが増えますね。

詳しく問われるほどではありませんので、大丈夫ですよ。おさえておきたい基本特性を見ていきましょう。

表で覚える　危険物の基本特性①　第1類～第2類

	範囲	特性
第1類	すべて	・**不燃**性の**固体**である ・比重は1より**大きい** ・酸素を分子内に含んでおり、ほかの物質を**酸化**させる（**酸化剤**） ・加熱、衝撃、摩擦などにより分解して**酸素**を放出し、可燃物の燃焼を促進させる ・可燃物や有機物と混合すると、加熱、衝撃、摩擦などにより、発火や**爆発**する恐れがある
	大部分	・**無**色の結晶または**白**色の粉末 ・強酸と反応して**酸素**を発生する ・水に**溶ける**
第2類	すべて	・**可燃**性の**固体**である ・**酸化**されやすい ・比較的低温で**着火**しやすい ・燃焼速度が**速い** ・酸化剤と接触または混合すると、打撃などにより**爆発**する恐れがある
	大部分	・比重は1より**大きい** ・水に**溶けない**

表で覚える 危険物の基本特性② 第３類～第６類

	範囲	特性
第3類	大部分	・**可燃**性である （りん化カルシウム、炭化カルシウム、炭化アルミニウムのみ**不燃**性） ・**自然発火**性と**禁水**性の両方の性質を有する （黄りん→**自然発火**性のみ / リチウム→**禁水**性のみ） ・**金属**または**金属**を含む化合物である（黄りんは非金属）
第4類	すべて	・**可燃**性の**液体**で、**引火**性がある ・蒸気比重は１より**大きい**
	大部分	・電気の不良導体のため、**静電気**を蓄積しやすい ・比重は１より**小さい** ・水に**溶けない**
第5類	すべて	・**可燃**性である ・比重は１より**大きい** ・燃焼速度が**速い**
	大部分	・分子内に**酸素**を含んでいる ・有機の**窒素**化合物である ・加熱、**衝撃**、摩擦により発火して爆発する恐れがある ・**水**と反応しない（アジ化ナトリウム以外は**注水**消火できる）
第6類	すべて	・**不燃**性の**液体**である ・比重は１より**大きい** ・**酸化力**が強く、可燃物や有機物を**酸化**させる ・**腐食**性があり、皮膚を侵す
	大部分	・**有毒**な蒸気を発生する ・**刺激臭**を有する

第４類危険物に「蒸気比重は１より大きい」とありますが、これによって考えられる危険なことはありますか？

蒸気が空気より重いと**足元**に滞留します。第４類危険物は**引火**性ですので、危険性が増してしまいます。

何か対策はありますか？

発生した蒸気を屋外の**高所**から排出することで、足元に滞留することなく空気中に分散できます。

練習問題解説

(3)第３類危険物は、すべてではなく、「大部分」が自然発火性と禁水性の両方の性質を有するので誤りです。例外としては、黄りんが自然発火性のみを有し、リチウムは禁水性のみを有します。

正解 (3)

第1章

第1類～第6類危険物の概要など

要点をチェック！　まとめ

危険物の概要について復習しましょう。危険物は第1類から第6類までありますが、分類することで覚えやすくなります。

図で覚える　危険物の基本　1-1

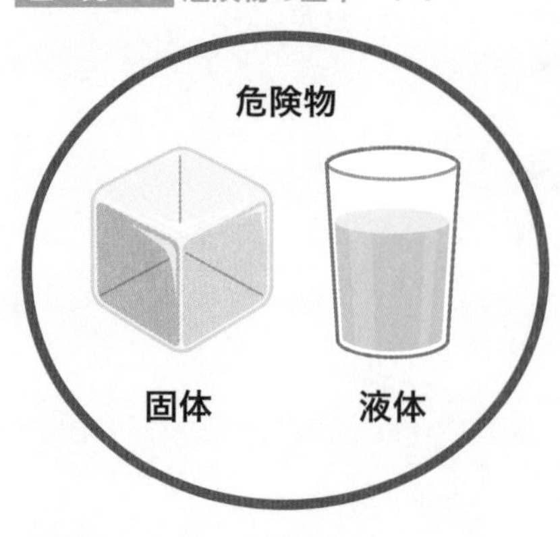

消防法の定める危険物は固体と液体のみで、気体は含まれないことに注意しましょう

表で覚える　危険物の分類　1-1

＜①燃焼性＞

【不燃性】

類	名称
第1類	酸化性固体
第6類	酸化性液体

【可燃性】

類	名称
第2類	可燃性固体
第3類	自然発火性物質 禁水性物質 （一部不燃性）
第4類	引火性液体
第5類	自己反応性物質

不燃性という特性をもつのは、第1類の酸化性固体、第6類の酸化性液体のみとなります。
可燃性という特性をもつのは、4種類あります

＜②状態＞

【固体】

類	名称
第１類	酸化性固体
第２類	可燃性固体

【液体】

類	名称
第４類	引火性液体
第６類	酸化性液体

【固体または液体】

類	名称
第３類	自然発火性物質 禁水性物質
第５類	自己反応性物質

＜③特性＞

類	特性
第１類	自身は**燃えない**が、分子内に含んだ酸素によってほかの物質を**酸化**させる
第２類	着火、引火しやすく消火が困難
第３類	空気にさらされると**自然発火**する 水と接触すると**発火**や**引火性ガス**を発生するものが「禁水性物質」
第４類	ほかの火や熱によって燃え出す**液体**
第５類	**酸素**を含んでおり、**加熱**や**衝撃**で自己反応し発火する危険性がある
第６類	自身は**燃えない**が、分子内に含んだ酸素によってほかの物質を**酸化**させる

表で覚える 第１類～第３類危険物の基本特性　1-2

類	すべてに共通	大部分に共通
第１類	・**不燃**性の**固体**である ・比重は１より**大きい** ・酸素を分子内に含んでおり、ほかの物質を**酸化**させる（**酸化剤**である） ・加熱、衝撃、摩擦などにより分解して**酸素**を放出し、可燃物の燃焼を促進させる ・可燃物や有機物と混合すると、加熱、衝撃、摩擦などにより、発火や**爆発**する恐れがある	・**無**色の結晶または**白**色の粉末 ・強酸と反応して**酸素**を発生する ・水に**溶ける**
第２類	・**可燃**性の**固体**である ・**酸化**されやすい ・比較的低温で**着火**しやすい ・燃焼速度が**速い** ・酸化剤と接触または混合すると、打撃などにより**爆発**する恐れがある	・比重は１より**大きい** ・水に**溶けない**
第３類	すべてに共通する特性なし	・**可燃**性である（りん化カルシウム、炭化カルシウム、炭化アルミニウムのみ**不燃**性） ・**自然発火**性と**禁水**性の両方の性質を有する（黄りん→**自然発火**性のみ リチウム→**禁水**性のみ） ・**金属**または**金属**を含む化合物である

「すべて」に共通するもの、「大部分」に共通するものを正しく把握して、本番の試験でも確実に正解できるようになりましょう。
第３類は、「すべての物質に共通する特性がない」ということも特徴です

表で覚える 第４類〜第６類危険物の基本特性　1-2

類	すべてに共通	大部分に共通
第４類	・**可燃**性の**液体**で、**引火**性がある ・蒸気比重は１より**大きい**	・電気の不良導体のため、**静電気**を蓄積しやすい ・比重は１より**小さい** ・水に**溶けない**
第５類	・**可燃**性である ・比重は１より**大きい** ・燃焼速度が**速い**	・分子内に**酸素**を含んでいる ・有機の**窒素**化合物である ・加熱、**衝撃**、摩擦により発火して爆発する恐れがある ・**水**と反応しない（アジ化ナトリウム以外は**注水**消火できる）
第６類	・**不燃**性の**液体**である ・比重は１より**大きい** ・**酸化力**が強く、可燃物や有機物を**酸化**させる ・**腐食**性があり、皮膚を侵す	・**有毒**な蒸気を発生する ・**刺激臭**を有する

「蒸気比重」は「ある気体の物質が空気の質量の何倍か」、
「比重」は「ある固体または液体の物質が水の質量の何倍か」、を
それぞれ示します

本章の内容は、どの類の試験でも問われる
可能性があります。
ここまでの知識を身につけたら、次ページからの
復習問題と一問一答にチャレンジ！

知識を定着！　復習問題

これまでに学んだ知識を、復習問題に取り組むことでしっかり定着させましょう。間違えた問題は解説を読んで復習し、正解するまで取り組んでください。しっかりと知識が定着したら、予想模擬試験にチャレンジしましょう！

問1 危険物に定められているものとして、次のうち誤っているものはどれか。

(1) メタノール
(2) 鉄粉
(3) 硝酸
(4) プロパン
(5) カリウム

問2 危険物の類ごとの一般性状について、次のうち誤っているものはどれか。

(1) 第1類危険物は、酸化性固体である。
(2) 第2類危険物は、可燃性液体である。
(3) 第3類危険物は、自然発火性物質および禁水性物質である。
(4) 第5類危険物は、自己反応性物質である。
(5) 第6類危険物は、酸化性液体である。

問3 危険物の類ごとの共通特性について、次のうち誤っているものはどれか。

(1) 第1類危険物は、いずれも酸素を分子内に含んでおり、ほかの物質を酸化させる。
(2) 第2類危険物は、いずれも比較的低温で着火しやすく、燃焼速度が速い。
(3) 第3類危険物は、いずれも自然発火性と禁水性を有している。
(4) 第5類危険物は、いずれも可燃性で燃焼速度が速い。
(5) 第6類危険物は、いずれも酸化力が強く、可燃物や有機物を酸化させる。

問4 危険物の類ごとの一般性状について、次のうち誤っているものはどれか。

(1) 第1類危険物は、不燃性の固体である。
(2) 第2類危険物は、可燃性の固体である。
(3) 第3類危険物は、可燃性の固体である。
(4) 第4類危険物は、可燃性の液体である。
(5) 第6類危険物は、不燃性の液体である。

問5 危険物の類ごとの性状について、次のうち誤っているものはどれか。

(1) 第1類危険物は、大部分が無色の結晶または白色の粉末で、強酸と反応して酸素を発生する。
(2) 第2類危険物は、大部分が水に溶けず、比重は1より大きい。
(3) 第3類危険物は、大部分が可燃性で、金属または金属を含む化合物である。
(4) 第5類危険物は、大部分が分子内に水素を含んでいる。
(5) 第6類危険物は、大部分が有毒な蒸気を発生し、刺激臭を有する。

解答＆解説

問1

危険物は、1気圧において常温（20℃）で固体または液体のものをいいます。プロパンは、1気圧において常温（20℃）で気体ですので、危険物には定められていません。ちなみに、メタノールは第4類危険物、鉄粉は第2類危険物、硝酸は第6類危険物、カリウムは第3類危険物です。　正解 (4)

問2

第2類危険物は可燃性液体ではなく、可燃性固体の集まりです。また、問題文には出てきていませんが、第4類危険物は引火性液体の集まりです。このように、危険物は性質によって第1類から第6類に分類されています。　正解 (2)

問3

第3類危険物は、大部分が自然発火性と禁水性を有していますが、黄りんは自然発火性のみを有し、リチウムは禁水性のみを有しています。問題文には出てきていませんが、第4類危険物はいずれも引火性で蒸気比重が1より大きいです。　正解 (3)

問4

第3類危険物は、可燃性の固体または液体です。第3類危険物は自然発火性物質および禁水性物質の集まりで、名称に固体と液体の表記がありません。このように、形状に関する表記が名称にない場合は、常温（20℃）で固体と液体のどちらも存在する、と覚えておきましょう。なお、第5類危険物は自己反応性物質の集まりで、名称に形状に関する表記がないので、可燃性の固体または液体です。　正解 (3)

問5

第5類危険物は、大部分が分子内に水素ではなく、酸素を含んでいます。また、いずれも可燃性であるため、燃焼の三要素である可燃物と酸素供給源の2つを備えている危険な物質です。問題文には出てきていませんが、第4類危険物は大部分が電気の不良導体のため、静電気を蓄積しやすいです。ガソリンスタンドに静電気除去シートがあるのは、この性質があるからです。　正解 (4)

第１類〜第６類危険物の概要など

１回目：　／　２回目：　／

第1章 一問一答・チャレンジ問題！

これまでに学んだ知識が身についているかを、一問一答形式の問題で確認しましょう。付属の赤シートを紙面に重ね、隠れた文字（赤字部分）を答えていってください。赤字部分は合格に必須な重要単語です。試験直前もこの一問一答でしっかり最終チェックをしていきましょう！

重要度：☆☆＞☆＞無印

□□ **1** ☆ 危険物は、**火災**の危険性が大きい物質のことである。（1-1 参照）

□□ **2** 危険物には、単体や化合物に加えて**混合物**も多く含まれている。（1-1 参照）

□□ **3** ☆☆ 消防法でいう危険物は**固体**と**液体**のものである。（1-1 参照）

□□ **4** ☆ 危険物は第１類から第**６**類まで定められている。（1-1 参照）

□□ **5** ☆ 第１類危険物は、**酸化性固体**の集まりである。（1-1 参照）

□□ **6** ☆ 第２類危険物は、**可燃性固体**の集まりである。（1-1 参照）

□□ **7** ☆ 第３類危険物は、**自然発火性物質**および**禁水性物質**の集まりである。（1-1 参照）

□□ **8** 第４類危険物は、**引火性液体**の集まりである。（1-1 参照）

□□ **9** ☆☆ 第５類危険物は、**自己反応性物質**の集まりである。（1-1 参照）

□□ **10** ☆☆ 第６類危険物は、**酸化性液体**の集まりである。（1-1 参照）

□□ **11** ☆ 第１類危険物は、自身は燃えないが、分子内に含んだ酸素によってほかの物質を**酸化**させる。（1-1 参照）

□□ **12** 第２類危険物は、**着火**、引火しやすく消火が困難である。（1-1 参照）

□□ **13** ☆☆ 第３類危険物は、空気にさらされると**自然発火**したり、**水**と接触すると発火や**引火性ガス**を発生したりする。（1-1 参照）

□□ **14** ☆ 第４類危険物は、ほかの火や熱によって**燃え出す**性質がある。（1-1 参照）

□□ **15** ☆ 第５類危険物は、**酸素**を含んでおり、加熱や衝撃で発火する危険性がある。 (1-1 参照)

□□ **16** ☆ 第６類危険物は、自身は燃えないが、分子内に含んだ酸素によってほかの物質を**酸化**させる。 (1-1 参照)

□□ **17** ☆ 第１類危険物は、いずれも比重は１より**大きい**ので、水に**沈む**。 (1-2 参照)

□□ **18** 第１類危険物は、いずれも**酸化剤**で、分子内に**酸素**を含んでいる。 (1-2 参照)

□□ **19** ☆☆ 第１類危険物は、いずれも分解すると**酸素**を放出して、可燃物の燃焼を促進させる。 (1-2 参照)

□□ **20** ☆☆ 第１類危険物は、大部分が**無**色の結晶または**白**色の粉末で、水に**溶ける**。 (1-2 参照)

□□ **21** ☆ 第２類危険物は、**可燃**性の固体で**酸化**されやすい。 (1-2 参照)

□□ **22** 第２類危険物は、いずれも比較的低温で**着火**しやすく、燃焼速度が**速い**。 (1-2 参照)

□□ **23** ☆☆ 第２類危険物は、酸化剤と接触または混合すると、**打撃**などにより爆発する恐れがある。 (1-2 参照)

□□ **24** ☆ 第３類危険物は、大部分が**可燃**性である。例外としてりん化カルシウム、炭化カルシウム、炭化アルミニウムのみ**不燃**性である。 (1-2 参照)

□□ **25** ☆ 第３類危険物のうち、黄りんは**自然発火**性のみを有し、リチウムは**禁水**性のみを有する。 (1-2 参照)

□□ **26** ☆ 第３類危険物は、大部分が**金属**または**金属**を含む化合物である。 (1-2 参照)

□□ **27** ☆ 第４類危険物は、一般に比重が水よりも**軽**く、水に溶けない。 (1-2 参照)

□□ **28** 第４類危険物は、一般に不良導体であるため**静電気**に注意する必要がある。 (1-2 参照)

□□ **29** ☆☆ 第４類危険物の蒸気は、いずれも比重が空気より**重**く、**低**所に溜まりやすいので、**高**所に排出する必要がある。 (1-2 参照)

□□ **30** ☆☆ 第５類危険物は、いずれも可燃性で燃焼速度が**速**く、比重が１より**大きい**。 (1-2 参照)

□□ **31** ☆ 第５類危険物は、大部分が分子内に**酸素**を含んでおり、**加熱**、衝撃、摩擦により発火して爆発する恐れがある。 (1-2 参照)

□□ **32** 第５類危険物は、大部分が**水**と反応しないので、アジ化ナトリウム以外は**注水**消火できる。 (1-2 参照)

□□ **33** ☆☆ 第６類危険物は、いずれも**不燃**性の**液体**で、比重は１より**大きい**。 (1-2 参照)

□□ **34** ☆ 第６類危険物は、いずれも**酸化力**が強く、可燃物や有機物を**酸化**させ、**腐食**性もあるので、皮膚を侵す。 (1-2 参照)

□□ **35** ☆ 第６類危険物は、大部分が**有毒**な蒸気を発生させ、**刺激臭**を有する。 (1-2 参照)

本章の内容は、どの類の試験でも問われる可能性があります。間違えた問題にはチェックを入れておき、試験の直前期に見直すようにしましょう

第2章

第１類危険物

第１類危険物の性質、貯蔵・取扱・消火方法について解説します。第１類危険物は酸化性固体の集まりで、自身は不燃性ですが、燃焼のサポートをするのが特徴です。しっかり学習しましょう！

Contents

第 1 類危険物の共通特性

まずは第 1 類危険物の共通特性について学んでいきましょう。
自身は燃えませんが、燃焼をサポートします。

練習問題　本テーマはこんな問題が出題されます

第 1 類危険物の性状について、次のうち誤っているものはどれか。

(1)　いずれも不燃性である。
(2)　いずれも酸化性である。
(3)　いずれも固体である。
(4)　いずれも比重は 1 より小さい。
(5)　水に溶けるものが多い。

▶ 第 1 類危険物とは？

第 1 類危険物は、**酸化性固体**の集まりです。

固体はイメージできますが、**酸化**性とは何ですか？

酸化性とは、自身は燃えないけれど、混合するほかの可燃物の燃焼を促進する性質のことです。

難しいですね。

簡単にいうと「燃焼のサポート役」のようなものです。

図で覚える　第 1 類危険物の特徴

第1類危険物  酸化性  固体

▶ 第 1 類危険物の共通特性をチェック！

ほかにも第 1 類危険物に共通する特性はありますか？

もちろん、ありますよ。共通する特性を覚えておくことで各種特性も覚えやすいので、しっかりおさえておきましょう。

わかりました！　よろしくお願いします！

では、早速見ていきましょう。第 1 類危険物に共通する特性は、次ページの表のようになります。

表で覚える 第1類危険物のすべてに共通する特性など

範囲	特性
すべて	・**不燃**性である ・**固体**である ・比重は1より**大きい** ・酸素を分子内に含んでおり、ほかの物質を**酸化**させる（**酸化剤**である） ・加熱、衝撃、摩擦などにより分解して**酸素**を放出し、可燃物の燃焼を促進させる ・可燃物や有機物と混合すると、加熱、衝撃、摩擦などにより、発火や**爆発**を起こすことがある
大部分	・**無**色の結晶または**白**色の粉末である ・強酸と反応して**酸素**を発生する ・水に**溶ける**

「大部分」と表記している特性について、該当する物質は本章の2-1以降で解説します。

「比重は1より大きい」とありますが、どういう意味でしょうか？

比重というのは、「同じ体積の水より重いかどうか」を知ることができる値です。比重が1より大きいと、水より重いため**沈みます**。逆に比重が1より小さいと、水より軽いため**浮きます**。

ということは、第1類危険物は、比重が1より大きいので「水に沈む」ということですね。

はい。その通りです。

なるほど、よくわかりました！

練習問題解説

(4)第1類危険物はいずれも比重が1より「大きい」ので誤りです。比重が1より大きいと、水より重く水に沈みます。また、酸素を分子内に含んでいるので、ほかの物質を酸化させる性質もあります。

正解 (4)

1-2 第1類危険物の分類と貯蔵・消火方法

第１類危険物の分類と貯蔵・消火方法を解説します。かなりたくさんの品目、物品名が出てきます。

本テーマはこんな問題が出題されます

練習問題

第１類危険物の消火方法について、次のうち大量の水による消火が適切でないものはどれか。

(1)　塩素酸バリウム
(2)　過酸化カリウム
(3)　三酸化クロム
(4)　過マンガン酸ナトリウム
(5)　重クロム酸アンモニウム

▶ 第１類危険物の分類

第１類危険物は、10 種に分類されています。似た名前が多いので注意しましょう。品目ごとに覚えると覚えやすいです。

表で覚える 第１類危険物の品目・物品名・消火方法

<table>
<tr><th>品目</th><th>物品名</th><th>消火方法</th></tr>
<tr><td>塩素酸塩類</td><td>塩素酸カリウム、塩素酸ナトリウム、
塩素酸アンモニウム、塩素酸バリウム</td><td rowspan="2">水</td></tr>
<tr><td>過塩素酸塩類</td><td>過塩素酸カリウム、過塩素酸ナトリウム、
過塩素酸アンモニウム</td></tr>
<tr><td>無機過酸化物</td><td>過酸化カリウム、過酸化ナトリウム、
過酸化カルシウム、過酸化マグネシウム、
過酸化バリウム</td><td>初期に
乾燥砂など</td></tr>
<tr><td>亜塩素酸塩類</td><td>亜塩素酸ナトリウム</td><td rowspan="7">水</td></tr>
<tr><td>臭素酸塩類</td><td>臭素酸カリウム</td></tr>
<tr><td>硝酸塩類</td><td>硝酸カリウム、硝酸ナトリウム、硝酸アンモニウム</td></tr>
<tr><td>ヨウ素酸塩類</td><td>ヨウ素酸カリウム、ヨウ素酸ナトリウム</td></tr>
<tr><td>過マンガン酸塩類</td><td>過マンガン酸カリウム、過マンガン酸ナトリウム</td></tr>
<tr><td>重クロム酸塩類</td><td>重クロム酸カリウム、重クロム酸アンモニウム</td></tr>
<tr><td>その他のもので
政令で定めるもの</td><td>過ヨウ素酸ナトリウム、三酸化クロム、
二酸化鉛、次亜塩素酸カルシウム、
炭酸ナトリウム過酸化水素付加物</td></tr>
</table>

消火方法もあわせて覚えておきましょう

▶ 貯蔵・取扱方法のポイント

第１類危険物には、さまざまな特性がありましたね。危険物は、それぞれの特性にあった方法で貯蔵や取扱いをする必要があります。

具体的にどのようにする必要があるのですか？

第１類危険物の貯蔵・取扱方法についてまとめたので見てください。避ける必要があるものが多いので、しっかり覚えましょう。

表で覚える 第１類危険物の貯蔵・取扱方法

	貯蔵・取扱方法
①	**加熱**、**火気**、**衝撃**、**摩擦**などを避ける
②	**可燃物**、**有機物**、**酸化されやすい物質**、**強酸**との接触を避ける
③	アルカリ金属の過酸化物およびこれらを含有するものは、**水**との接触を避ける
④	**潮解**(ちょうかい)しやすいものは湿気を避ける
⑤	容器は**密栓**して**冷暗所**に保存する

▶ 消火方法の注意点など

第１類危険物の消火方法には、水での冷却と禁水のものがあります。

表で覚える 第１類危険物の消火方法

	消火方法
①	加熱による分解によって酸素を放出するため、大量の**水**で冷却して分解温度以下に下げることで燃焼を抑制することができる
②	ただし、アルカリ金属の過酸化物およびこれらを含有するものは、禁水なので、初期の段階では炭酸水素塩類の**粉末**消火剤や**乾燥砂**を用いて延焼を防ぐ

なぜアルカリ金属の過酸化物は、禁水なのですか？

アルカリ金属の過酸化物である過酸化カリウムと過酸化ナトリウムは、水と反応すると発熱し酸素を発生するため、水との接触が禁止なのです。

間違えると危ないですね。しっかり覚えます！

練習問題解説

(2)過酸化カリウムはアルカリ金属の過酸化物で「禁水性」なので、大量の水による消火が適切ではありません。初期の段階では炭酸水素塩類の粉末消火剤や乾燥砂を用いて延焼を防ぐのが適切な消火方法です。

正解 (2)

要点をチェック！　まとめ①

第１類危険物の基礎知識のまとめです。重要語句は、付属の赤シートで隠すなどして覚えていきましょう。

図で覚える　第１類危険物とは？　1-1

第1類危険物  酸化性  固体

酸化性とは、酸素を含んでいるため、混合するとほかの可燃物の燃焼を促進する性質をいいます。ただし、自身は燃えません

表で覚える　第１類危険物のすべてに共通する特性など　1-1

範囲	特性
すべて	・**不燃**性である ・**固体**である ・比重は１より**大きい** ・酸素を分子内に含んでおり、ほかの物質を**酸化**させる（**酸化剤**である） ・加熱、衝撃、摩擦などにより分解して**酸素**を放出し、可燃物の燃焼を促進させる ・可燃物や有機物と混合すると、加熱、衝撃、摩擦などにより、発火や**爆発**を起こすことがある
大部分	・**無**色の結晶または**白**色の粉末である ・強酸と反応して**酸素**を発生する ・水に**溶ける**

「すべて」に共通する性質と、「大部分」に共通する性質を混同しないように、上の表でしっかりと覚えましょう！

表で覚える 第１類危険物の消火方法による分類　1-2

冷却	乾燥砂
塩素酸塩類 過塩素酸塩類 亜塩素酸塩類 臭素酸塩類 硝酸塩類 ヨウ素酸塩類 過マンガン酸塩類 重クロム酸塩類 その他のもので政令で定めるもの	無機過酸化物

表で覚える 第１類危険物の貯蔵・取扱方法　1-2

	貯蔵・取扱方法
①	**加熱**、**火気**、**衝撃**、**摩擦**などを避ける
②	**可燃物**、**有機物**、**酸化されやすい物質**、**強酸**との接触を避ける
③	アルカリ金属の過酸化物およびこれらを含有するものは、**水**との接触を避ける
④	**潮解**しやすいものは湿気を避ける
⑤	容器は**密栓**して**冷暗所**に保存する

表で覚える 第１類危険物の具体的な消火方法　1-2

アルカリ金属の過酸化物およびこれらを含有するもの
禁水なので、初期の段階で炭酸水素塩類の**粉末**消火剤や**乾燥砂**を用いて延焼を防ぐ
その他の第１類危険物
加熱による分解によって酸素を放出するため、大量の**水**で冷却して分解温度以下に下げることで燃焼を抑制することができる

第1類危険物の基礎知識

知識を定着！　復習問題

これまでに学んだ知識を、復習問題に取り組むことでしっかり定着させましょう。間違えた問題は解説を読んで復習し、正解するまで取り組んでください。しっかりと知識が定着したら、予想模擬試験にチャレンジしましょう！

問1 第1類危険物に共通する性状について、次のうち誤っているものはどれか。

(1) いずれも可燃性である。
(2) いずれも比重は1より大きい。
(3) いずれも酸素を分子内に含んでおり、ほかの物質を酸化させる。
(4) 大部分は水に溶ける。
(5) 大部分は無色の結晶または白色の粉末である。

問2 第1類危険物に定められるものとして、次のうち誤っているものはどれか。

(1) ナトリウム
(2) 硝酸ナトリウム
(3) 塩素酸ナトリウム
(4) 過マンガン酸ナトリウム
(5) 過酸化ナトリウム

問3 第1類危険物の貯蔵・取扱方法について、次のうち誤っているものはどれか。

(1) 摩擦を避ける。
(2) 潮解しやすいものは湿気を避ける。
(3) 強酸との接触を避ける。
(4) 冷暗所で貯蔵する。
(5) 容器は密栓せず、通気孔のあるフタを設ける。

問4 第1類危険物の貯蔵・取扱方法について、次のうち誤っているものはどれか。

(1) 衝撃を避ける。
(2) 加熱を避ける。
(3) アルカリ金属の過酸化物およびこれらを含有するものは、空気との接触を避ける。
(4) 酸化されやすい物質との接触を避ける。
(5) 有機物との接触を避ける。

問 5 第 1 類危険物の消火方法として、次のうち注水消火が不適切なものはどれか。

(1) 三酸化クロム
(2) 過酸化カリウム
(3) 過塩素酸アンモニウム
(4) 炭酸ナトリウム過酸化水素付加物
(5) ヨウ素酸ナトリウム

解答 & 解説

問 1

第 1 類危険物は、いずれも可燃性ではなく、不燃性なので誤りです。第 1 類危険物は酸化性固体の集まりで、自身は燃えませんが、混合するほかの可燃物の燃焼を促進する性質があります。自身は燃えない＝不燃性ということを覚えておきましょう。また、可燃物の燃焼を促進するので可燃物との接触を避ける必要があります。

正解 (1)

問 2

ナトリウムは、第 3 類危険物の自然発火性物質および禁水性物質なので誤りです。過酸化ナトリウムは、水と激しく反応して発熱し、酸素と水酸化ナトリウムを発生するので禁水性です。硝酸ナトリウム、塩素酸ナトリウム、過マンガン酸ナトリウムは、注水消火できます。いずれもナトリウムという名がつく物質ですが、性質が異なるので注意しましょう。

正解 (1)

問 3

第 1 類危険物は、容器に通気孔のあるフタを設けるのではなく、密栓して貯蔵します。また、摩擦だけでなく加熱、火気、衝撃なども避ける必要があり、可燃物、有機物、酸化されやすい物質との接触も避けます。(2)の潮解とは、空気中にある水分を吸収して溶解することをいいます。

正解 (5)

問 4

アルカリ金属の過酸化物およびこれらを含有するものは、空気ではなく水との接触を避ける必要があるので誤りです。水と激しく反応して発熱してしまいます。また、燃焼時にも水との接触を避けるために注水消火を避けます。乾燥砂などで窒息消火しましょう。

正解 (3)

問 5

過酸化カリウムは、乾燥砂などで窒息消火する必要があります。水と激しく反応して発熱し、酸素と水酸化カリウムを発生するためです。また、過酸化ナトリウムも水と激しく反応して発熱し、酸素と水酸化ナトリウムを発生します。

正解 (2)

2-1 塩素酸塩類

塩素酸塩類の分類や詳しい特性について解説します。塩素酸が置換した化合物４種ですが、それぞれ特性が異なります。

本テーマはこんな問題が出題されます

練習問題

塩素酸カリウムの性状について、次のうち誤っているものはどれか。

(1) 無色の結晶または白色の粉末である。
(2) 水に溶けにくいが、熱水には溶ける。
(3) 約300℃で分解し、酸素を発生する。
(4) 強い酸化剤である。
(5) 有毒である。

▶ 塩素酸塩類とは？

塩素酸塩類は、塩素酸（$HClO_3$）の水素原子が金属またはほかの陽イオンと置換した化合物のことです。

図で覚える 塩素酸塩類の置換

$HClO_3$ → $KClO_3$　NH_4ClO_3　$NaClO_3$　$Ba(ClO_3)_2$

水素原子（H）が金属または
ほかの陽イオンに置換

置換とは何ですか？

置換というのは、字の通り「置き換わる」という意味です。具体的に塩素酸塩類の危険物の形状などを確認していきましょう。

表で覚える 塩素酸塩類の分類

物品名	形状	比重	水溶性
塩素酸カリウム $KClO_3$	無色の結晶または 白色の粉末	2.3	△
塩素酸ナトリウム $NaClO_3$	無色の結晶	2.5	○
塩素酸アンモニウム NH_4ClO_3	無色の結晶	2.4	○
塩素酸バリウム $Ba(ClO_3)_2$	無色の粉末	3.2	○

○：水に溶ける　△：水にわずかに溶ける

形状などが異なるのですね。どんな特性がありますか？

詳しい特性を表で覚えましょう。加熱で分解するものが多いです。

表で覚える 塩素酸塩類の各種特性

物品名	特性
塩素酸カリウム	①水に溶けにくいが、**熱水**には溶ける ②強い**酸化剤**で有毒である ③約 **400**℃で塩化カリウムと過塩素酸カリウムに分解し、さらに加熱すると過塩素酸カリウムが酸素と塩化カリウムに分解
塩素酸ナトリウム	①**水**、**アルコール**に溶ける ②**潮解**性がある ③約 **300**℃で分解し、酸素を発生する
塩素酸アンモニウム	①水に溶けるが、**アルコール**には溶けにくい ② **100**℃以上に加熱すると分解して爆発する恐れがある
塩素酸バリウム	①水に溶けるが、塩酸や**エタノール**には溶けにくい ② **250**℃付近で分解し、酸素を発生する

塩素酸ナトリウムの**潮解**性とは何ですか？

潮解性とは、固体の「物質が空気中の水分を吸収して溶解する性質」のことです。塩素酸ナトリウム以外にも、第１類危険物の中ではこの性質をもつ物質がいくつかありますよ。また、塩素酸塩類の貯蔵・取扱および消火方法は、次の通りです。４つの物品に共通しているので覚えやすいですね。

表で覚える 塩素酸塩類の貯蔵・取扱および消火方法

	内容
貯蔵・取扱方法	①**加熱**、衝撃、摩擦を避ける ②可燃物、**有機物**との混合や接触を避ける ③容器は**密栓**する ④換気のよい**冷暗所**に貯蔵する
消火方法	①大量の**水**で冷却して分解温度以下に下げ、燃焼を抑制して消火する

こうして一覧になっているとわかりやすいですね。しっかりと覚えます！

練習問題解説

(3)塩素酸カリウムは「約 400℃」で分解し、酸素を発生するので誤りです。約 300℃で分解し、酸素を発生するのは「塩素酸ナトリウム」です。覚えておきましょう。　正解　(3)

2-2

過塩素酸塩類

過塩素酸塩類の分類や詳しい特性について学びましょう。過塩素酸カリウムには、ほかと違う特性があります。

練習問題

本テーマはこんな問題が出題されます

過塩素酸塩類の性状として、次のうち誤っているものはどれか。

(1) 過塩素酸カリウムは水に溶けにくい。
(2) 過塩素酸カリウムは無色の結晶である。
(3) 過塩素酸ナトリウムは潮解性がある。
(4) 過塩素酸ナトリウムの比重は1より大きい。
(5) 過塩素酸アンモニウムは250℃付近で分解をはじめ、酸素を発生する。

▶ 過塩素酸塩類とは？

過塩素酸塩類は、過塩素酸（$HClO_4$）の水素原子が金属またはほかの陽イオンと置換した化合物のことです。

図で覚える 過塩素酸塩類の置換

$HClO_4$ → $KClO_4$、$NaClO_4$、NH_4ClO_4

水素原子(H)が金属または
ほかの陽イオンに置換

これも置換なのですね。どんな形状をしているのですか？

割と共通点が多いのが特徴です。表で確認していきましょう。

表で覚える 過塩素酸塩類の分類

物品名	形状	比重	水溶性
過塩素酸カリウム $KClO_4$	無色の結晶	2.5	△
過塩素酸ナトリウム $NaClO_4$	無色の結晶	2.0	○
過塩素酸アンモニウム NH_4ClO_4	無色の結晶	2.0	○

○：水に溶ける　△：水にわずかに溶ける

▶過塩素酸塩類の詳しい特性をチェック！

ここからは、過塩素酸塩類の詳しい特性について学びます。水溶性があるのか、あるならほかに何に溶けるのか、注目しましょう。

表で覚える 過塩素酸塩類の各種特性

物品名	特性
過塩素酸カリウム	①**水**に溶けにくい ②約 **400**℃で分解し、酸素を発生する
過塩素酸ナトリウム	①**水**によく溶ける ②**エタノール**、**アセトン**に溶ける ③**潮解**性がある ④ **200**℃以上で分解し、酸素を発生する
過塩素酸アンモニウム	①**水**、**エタノール**、**アセトン**に溶ける ②**エーテル**には溶けない ③約 **150**℃で分解をはじめて酸素を発生し、400℃で急激に分解して発火する恐れがある

40 ～ 41 ページで解説した塩素酸塩類と似た特性があるので、何が同じで何が違うのかを意識すると覚えやすいですよ。

塩素酸塩類と過塩素酸塩類では、水への溶解性は同じですが、分解する温度が少し違いますね。

その通りです。また、貯蔵・取扱および消火方法は共通しています。塩素酸塩類や過塩素酸塩類のほかにも**亜塩素酸塩類**という品目もあるので、どれがどういった性質かを正確に覚えておく必要があります。

表で覚える 過塩素酸塩類の貯蔵・取扱および消火方法

	内容
貯蔵・取扱方法	①**加熱**、衝撃、摩擦を避ける ②可燃物、**有機物**との混合や接触を避ける ③容器は**密栓**する ④換気のよい**冷暗所**に貯蔵する
消火方法	①大量の**水**で冷却して分解温度以下に下げ、燃焼を抑制して消火する

練習問題解説

(5)過塩素酸アンモニウムは「約 150℃」で分解をはじめ、酸素を発生するため誤りです。また、「塩素酸アンモニウム」は 100℃以上で分解し、爆発する場合があります。　正解 (5)

2-3 無機過酸化物

無機過酸化物の分類や詳しい特性について説明していきます。
種類が多く、形状や特性が異なるのでしっかり覚えましょう。

本テーマはこんな問題が出題されます

練習問題

過酸化バリウムの性状として、次のうち誤っているものはどれか。

(1) 灰白色の粉末である。
(2) 水によく溶ける。
(3) 比重は1より大きい。
(4) 840℃で酸素を発生し、酸化バリウムを生じる。
(5) 熱水により分解し、酸素を発生する。

▶ 無機過酸化物とは？

無機過酸化物は、**過酸化水素（H_2O_2）**の水素原子が金属と置換した化合物のことです。物品名や形状などを確認していきましょう。

図で覚える 無機過酸化物の置換

H_2O_2 → 水素原子(H)が金属に置換 → K_2O_2、CaO_2、Na_2O_2、MgO_2、BaO_2

表で覚える 無機過酸化物の分類

物品名	形状	比重	水溶性
過酸化カリウム K_2O_2	**オレンジ**色の粉末	2.0	✱
過酸化ナトリウム Na_2O_2	**黄白**色の粉末	2.9	✱
過酸化カルシウム CaO_2	**無**色の粉末	2.9	△
過酸化マグネシウム MgO_2	**無**色の粉末	3.0	✕
過酸化バリウム BaO_2	**灰白**（かいはくしょく）色の粉末	5.0	△

✱：水と激しく反応する　△：水にわずかに溶ける　✕：水に溶けない

形状や比重が同じものもあるのですね。特性の違いも教えてください！

詳しい特性は以下で確認しましょう。その物質にしか見られない特性に注目です。

表で覚える 無機過酸化物の各種特性

物品名	特性
過酸化カリウム	①水と激しく反応して熱と**酸素**、水酸化カリウムを生じる ②融点（**490**℃）以上で発熱し、酸素を発生する ③**吸湿**性が強く、**潮解**性がある
過酸化ナトリウム	①水と激しく反応して熱と**酸素**、水酸化ナトリウムを生じる ②約 **660**℃で分解し、酸素を発生する ③**吸湿**性が強い
過酸化カルシウム	① **275**℃以上で分解し、酸素を発生する ②水には溶けにくく、**酸**には溶ける ③アルコール、ジエチルエーテルに溶けない
過酸化マグネシウム	①加熱すると**酸素**を発生し、酸化マグネシウムを生じる ②水には溶けないが、水と反応して**酸素**を発生する
過酸化バリウム	①水に溶けにくい ② **840**℃で酸素を発生し、酸化バリウムを生じる ③酸により分解し、過酸化水素を生じる ④熱水により分解し、**酸素**を発生する

種類が多いので、各特性をしっかり整理して覚える必要がありますね。

無機過酸化物は、水との接触で酸素を発生するものが多く危険です。そのため、消火に「注水」は厳禁です。貯蔵・取扱および消火方法を確認しておきましょう。

表で覚える 無機過酸化物の貯蔵・取扱および消火方法

	内容
貯蔵・取扱方法	①**加熱**、衝撃、摩擦を避ける ②可燃物、**有機物**との混合や接触を避ける ③水分の浸入を防ぐため、容器は**密栓**する ④換気のよい**冷暗所**に貯蔵する
消火方法	①注水を避け、**乾燥砂**などで**窒息**消火する

練習問題解説

(2)過酸化バリウムは水に「溶けにくい」ので誤りです。ちなみに、過酸化バリウムはアルカリ土類金属の過酸化物で、アルカリ土類金属の中でもっとも安定しています。　正解 (2)

2-4 亜塩素酸塩類・臭素酸塩類

亜塩素酸塩類と臭素酸塩類の分類や詳しい特性について解説します。2種類しかありませんので、覚えやすいです。

練習問題　本テーマはこんな問題が出題されます

臭素酸カリウムの性状として、次のうち誤っているものはどれか。

(1) 無色の結晶性粉末である。
(2) 水に溶けるが、アセトンには溶けない。
(3) 約370℃で分解し、酸素を発生する。
(4) 比重は1より大きい。
(5) 酸との接触により、水素を発生する。

▶ 亜塩素酸塩類・臭素酸塩類とは？

亜塩素酸塩類は、亜塩素酸（$HClO_2$）の水素原子が金属またはほかの陽イオンと置換した化合物のことです。臭素酸塩類は、臭素酸（$HBrO_3$）の水素原子が金属またはほかの陽イオンと置換した化合物になります。

図で覚える 亜塩素酸塩類・臭素酸塩類の置換

$HClO_2$ → $NaClO_2$　亜塩素酸塩類

水素原子(H)が金属またはほかの陽イオンに置換

$HBrO_3$ → $KBrO_3$　臭素酸塩類

▶ 亜塩素酸塩類・臭素酸塩類の形状・比重など

亜塩素酸塩類・臭素酸塩類に該当する危険物を表にまとめたので見てください。形状、水溶性はいずれも同じです。

表で覚える 亜塩素酸塩類・臭素酸塩類の分類

品目	物品名	形状	比重	水溶性
亜塩素酸塩類	亜塩素酸ナトリウム $NaClO_2$	無色の結晶性粉末	2.5	○
臭素酸塩類	臭素酸カリウム $KBrO_3$	無色の結晶性粉末	3.3	○

○：水に溶ける

臭素酸カリウムのほうが比重が大きいんですね。それぞれの特性も教えてください。

では、詳しい特性を学んでいきましょう。爆発するものもあるので注意しましょう。

表で覚える 亜塩素酸塩類・臭素酸塩類の各種特性

品目	物品名	特性
亜塩素酸塩類	亜塩素酸ナトリウム	①**吸湿**性があり、**水**によく溶ける ②常温で分解し、爆発性を有する**二酸化塩素（ClO_2）**を発生するため、刺激臭がある ③加熱すると分解し、**塩素酸ナトリウム**と塩化ナトリウムを生じる
臭素酸塩類	臭素酸カリウム	①**水**に溶ける ②**アルコール**に溶けにくく、**アセトン**には溶けない ③約**370**℃で分解し、酸素を発生する ④酸との接触により**酸素**を発生する

分解によって発生するものも違うのですね。貯蔵の仕方は同じですか？

基本的には同じですが、貯蔵・取扱方法で1つだけ異なる点があります。

しっかりと覚えます！

表で覚える 亜塩素酸塩類の貯蔵・取扱および消火方法

	内容
貯蔵・取扱方法	①**加熱**、衝撃、摩擦を避ける ②酸、**有機物**、還元性物質との接触を避ける ③**直射日光**を避け、換気に注意する
消火方法	①大量の**水**で**冷却**消火する ②**泡**消火剤、**強化液**消火剤、**粉末**消火剤（リン酸塩類）も有効

表で覚える 臭素酸塩類の貯蔵・取扱および消火方法

	内容
貯蔵・取扱方法	①**加熱**、衝撃、摩擦を避ける ②酸、**有機物**、硫黄との混合や接触を避ける
消火方法	①大量の**水**で**冷却**消火する ②**泡**消火剤、**強化液**消火剤、**粉末**消火剤（リン酸塩類）も有効

練習問題解説

(5)臭素酸カリウムは、酸との接触により水素ではなく、「酸素」を発生するので誤りです。加熱によって約370℃で分解しますが、同じく酸素を発生するので覚えておきましょう。

正解 (5)

2-5 硝酸塩類

硝酸塩類の分類や詳しい特性について解説します。3種類に分類されますので、それぞれの特性をしっかり覚えましょう。

本テーマはこんな問題が出題されます

練習問題

硝酸アンモニウムの性状として、次のうち誤っているものはどれか。

(1) 硝酸の水素原子をアンモニアと置換した化合物のことである。
(2) 吸湿性があり、水によく溶ける。
(3) 約210℃で分解し、酸素と窒素を発生する。
(4) 比重は1より大きい。
(5) 潮解性がある。

▶ 硝酸塩類とは？

硝酸塩類は、硝酸（HNO_3）の水素原子が金属またはほかの陽イオンと置換した化合物のことです。

図で覚える 硝酸塩類の置換

HNO_3 → KNO_3 / $NaNO_3$ / NH_4NO_3

水素(H)が金属または
ほかの陽イオンに置換

形状にはどんな違いがありますか？

表にまとめたので見てください。形状、水溶性はいずれも似ています。

表で覚える 硝酸塩類の分類

物品名	形状	比重	水溶性
硝酸カリウム KNO_3	無色の結晶	2.1	○
硝酸ナトリウム $NaNO_3$	無色の結晶	2.3	○
硝酸アンモニウム NH_4NO_3	無色の結晶または結晶性粉末	1.8	○

○：水に溶ける

硝酸アンモニウムのみ、結晶性粉末の可能性もあるんですね。

▶ 硝酸塩類の詳しい特性をチェック！

ここからは、硝酸塩類の詳しい特性について学びましょう。分解する温度、分解によって何を発生するかにも注目してください。

表で覚える 硝酸塩類の各種特性

物品名	特性
硝酸カリウム	①**水**によく溶ける ②**エタノール**にわずかに溶ける ③ **400**℃で分解し、酸素を発生する ④**黒**色火薬の原料である
硝酸ナトリウム	①**水**によく溶ける ②**潮解**性がある ③ **380**℃で分解し、酸素を発生する
硝酸アンモニウム	①**吸湿**性があり、**水**によく溶ける ②**メタノール**、**エタノール**に溶ける ③**潮解**性がある ④約 **210**℃で分解し、有毒な亜酸化窒素（一酸化二窒素）と水を発生する。さらに加熱すると亜酸化窒素が爆発的に分解し、酸素と窒素を発生する

どれも水によく溶けるのですね。消火方法なども同じですか？

はい。硝酸塩類で共通しています。こちらもよく問われるので、表の内容をしっかり覚えておきましょう。消火には**温度を下げる**のがポイントです。

わかりました。

表で覚える 硝酸塩類の貯蔵・取扱および消火方法

	内容
貯蔵・取扱方法	①**加熱**、衝撃、摩擦を避ける ②**異物**の混入を防ぐ ③可燃物、**有機物**を近づけない ④容器は**密栓**する
消火方法	①大量の**水**で**冷却**消火する ②**泡**消火剤、**強化液**消火剤、**粉末**消火剤（リン酸塩類）も有効

練習問題解説

(3)約 210℃で分解すると、「有毒な亜酸化窒素（一酸化二窒素）と水」を発生するので誤りです。さらに約 500℃まで加熱すると一酸化二窒素が爆発的に分解し、「酸素と窒素」を発生することも覚えておきましょう。

正解 (3)

2-6

ヨウ素酸塩類・過マンガン酸塩類・重クロム酸塩類

ヨウ素酸塩類・過マンガン酸塩類・重クロム酸塩類のそれぞれの分類や詳しい特性について解説します。

本テーマはこんな問題が出題されます

練習問題

過マンガン酸カリウムの性状として、次のうち誤っているものはどれか。

(1) 塩酸を加えると激しく酸素を発生する。
(2) 染料、殺菌剤、消臭剤に使用される。
(3) 硫酸を加えると爆発することがある。
(4) 水に溶ける。
(5) 赤紫色の結晶である。

▶ ヨウ素酸塩類・過マンガン酸塩類・重クロム酸塩類とは？

ヨウ素酸塩類は、**ヨウ素酸（HIO_3）**の水素原子が金属またはほかの陽イオンと置換した化合物のことです。過マンガン酸塩類は、**過マンガン酸（$HMnO_4$）**の水素原子が金属またはほかの陽イオンと置換した化合物のことであり、重クロム酸塩類は、**重クロム酸（$H_2Cr_2O_7$）**の水素原子が金属またはほかの陽イオンと置換した化合物のことを指します。

図で覚える ヨウ素酸塩類・過マンガン酸塩類・重クロム酸塩類の置換

酸	水素(H)が金属またはほかの陽イオンに置換 →			
HIO_3		KIO_3	$NaIO_3$	ヨウ素酸塩類
$HMnO_4$		$KMnO_4$	$NaMnO_4 \cdot 3H_2O$	過マンガン酸塩類
$H_2Cr_2O_7$		$K_2Cr_2O_7$	$(NH_4)_2Cr_2O_7$	重クロム酸塩類

化学式が複雑になってきましたね。

確かに複雑ですが、水素原子が金属（K、Na）やほかの陽イオン（NH_4^+）と置き換わっていると意識すると、わかりやすいと思います。

▶ ヨウ素酸塩類・過マンガン酸塩類・重クロム酸塩類の形状・比重など

次に、ヨウ素酸塩類・過マンガン酸塩類・重クロム酸塩類に該当する危険物を表にまとめたので見てください。色の違いに特徴が見られます。

表で覚える ヨウ素酸塩類・過マンガン酸塩類・重クロム酸塩類の分類

品目	物品名	形状	比重	水溶性
ヨウ素酸塩類	ヨウ素酸カリウム KIO_3	無色の結晶	3.9	○
	ヨウ素酸ナトリウム $NaIO_3$	無色の結晶	4.3	○
過マンガン酸塩類	過マンガン酸カリウム $KMnO_4$	黒紫（こくし）色または赤紫（せきし）色の結晶	2.7	○
	過マンガン酸ナトリウム $NaMnO_4 \cdot 3H_2O$	赤紫色の粉末	2.5	○
重クロム酸塩類	重クロム酸カリウム $K_2Cr_2O_7$	橙赤（とうせき）色の結晶	2.7	○
	重クロム酸アンモニウム $(NH_4)_2Cr_2O_7$	橙黄（とうおう）色の結晶	2.2	○

○：水に溶ける

全部で 6 種類あって、どれも水に溶けるのですね。

はい。共通点を見つけると覚えやすいですよ。

色には共通点はあまりないようですね。

はい。過マンガン酸塩類と重クロム酸塩類は、無色ではなく赤紫色や橙赤色といった色があるので注意しましょう。

第 1 類危険物の共通特性で、大部分が「無色の結晶または白色の粉末」となっていましたね。

その通りです。よく覚えていましたね。共通特性で「大部分」となっている項目は、例外もあるということです。共通特性の例外を意識すると覚えやすいと思います。

そうですね。例外を意識して覚えます。

▶ ヨウ素酸塩類・過マンガン酸塩類・重クロム酸塩類の各種特性とは？

ここからは、ヨウ素酸塩類・過マンガン酸塩類・重クロム酸塩類の詳しい特性について学んでいきましょう。どれも水に溶けますが、溶けたらどうなるのかにも注目しましょう。

表で覚える ヨウ素酸塩類・過マンガン酸塩類・重クロム酸塩類の各種特性

品目	物品名	特性
ヨウ素酸塩類	ヨウ素酸カリウム	①**水**に溶ける ②**エタノール**には溶けない ③加熱すると分解し、**酸素**を発生する ④水溶液はバリウムや水銀と反応して難溶性の沈殿物を作る
	ヨウ素酸ナトリウム	①**水**によく溶ける ②**エタノール**には溶けない ③加熱すると分解し、**酸素**を発生する
過マンガン酸塩類	過マンガン酸カリウム	①**水**によく溶け、溶けると**濃紫**(のうし)色の水溶液になる ②アルコール、アセトンにも溶ける ③約 **200**℃で分解し、酸素を発生する ④硫酸を加えると爆発することがある ⑤塩酸と接触すると激しく反応して**塩素**を発生する ⑥染料、殺菌剤、消臭剤に使用される
	過マンガン酸ナトリウム	①**水**によく溶け、溶けると**赤紫**色の水溶液になる ②**潮解**性がある ③約 **170**℃で分解し、酸素を発生する
重クロム酸塩類	重クロム酸カリウム	①**水**に溶ける ②**エタノール**には溶けない ③ **500**℃以上で分解し、酸素を発生する ④苦みがあり、**毒**性が強い
	重クロム酸アンモニウム	①**水**に溶ける ②**エタノール**にも溶ける ③加熱すると約 **185**℃で分解し、窒素、酸化クロム、水を発生する ④**毒**性が強い

すべて水には溶けますが、エタノールには溶ける物質と溶けない物質があるので注意しましょう

過マンガン酸カリウムの特性が多いですね。

過マンガン酸カリウムは、第１類危険物の中でよく問われる物質の１つです。加熱による分解や塩酸との反応など、しっかり覚えておきましょう。

わかりました！

また、ヨウ素酸塩類・過マンガン酸塩類・重クロム酸塩類の貯蔵・取扱および消火方法についても表にまとめたので確認しましょう。消火方法で「大量の水」を要するのに注目です。

表で覚える ヨウ素酸塩類の貯蔵・取扱および消火方法

	内容
貯蔵・取扱方法	①**加熱**、衝撃、摩擦を避ける ②可燃物、**有機物**との接触を避ける ③容器は**密栓**する
消火方法	①大量の**水**で**冷却**消火する ②**泡**消火剤、**強化液**消火剤、**粉末**消火剤（リン酸塩類）も有効

表で覚える 過マンガン酸塩類の貯蔵・取扱および消火方法

	内容
貯蔵・取扱方法	①**加熱**、衝撃、摩擦を避ける ②酸、**有機物**、可燃物との混合や接触を避ける ③容器は**密栓**する
消火方法	①大量の**水**で**冷却**消火する ②**泡**消火剤、**強化液**消火剤、**粉末**消火剤（リン酸塩類）も有効

表で覚える 重クロム酸塩類の貯蔵・取扱および消火方法

	内容
貯蔵・取扱方法	①**加熱**、衝撃、摩擦を避ける ②還元性物質、可燃物、**有機物**を近づけない ③容器は**密栓**する
消火方法	①大量の**水**で**冷却**消火する ②**泡**消火剤、**強化液**消火剤、**粉末**消火剤（リン酸塩類）も有効

貯蔵・取扱方法はそれぞれ異なりますが、消火方法はどれも共通していますね。

そうですね。異なる特徴は、それぞれしっかりおさえておきましょう。

はい、わかりました！

練習問題解説

(1)過マンガン酸カリウムは、塩酸を加えると酸素ではなく、「塩素」を発生するので誤りです。加熱による分解や物質との接触によって何を発生するのか、しっかり覚えておきましょう。

正解 (1)

2-7 その他のもので政令で定めるもの

「その他のもので政令で定めるもの」は、全部で9種類の物品名がありますが、ここでは5種類の物質を取り上げます。

本テーマはこんな問題が出題されます

練習問題

三酸化クロムの性状として、次のうち誤っているものはどれか。

(1) 水、希エタノールに溶ける。
(2) 白色の針状結晶である。
(3) 強い潮解性がある。
(4) 毒性が強い。
(5) 約250℃で分解して酸素を発生する。

▶ その他のもので政令で定めるものとは？

その他のもので政令で定めるものの代表として、**過ヨウ素酸ナトリウム**、**三酸化クロム**、**二酸化鉛**、**次亜塩素酸カルシウム**、**炭酸ナトリウム過酸化水素付加物**などがあります。

「その他」ということもあり、物品名がそれぞれ異なりますね。

そうですね。物品名だけでなく特性も異なるのでしっかり覚えましょう。その他のもので政令で定めるものに該当する危険物のうち、5種類を表にまとめたので見てください。形状がバラバラなことに注意ですね。

表で覚える その他のもので政令で定めるものの分類

物品名	形状	比重	水溶性
過ヨウ素酸ナトリウム $NaIO_4$	白色の結晶	3.9	○
三酸化クロム CrO_3	暗赤(あんせき)色の針状結晶	2.7	○
二酸化鉛 PbO_2	黒褐(こっかつ)色の粉末	9.4	×
次亜塩素酸カルシウム $Ca(ClO)_2 \cdot 3H_2O$	白色の粉末	2.4	○
炭酸ナトリウム 過酸化水素付加物 $2Na_2CO_3 \cdot 3H_2O_2$	白色の粒状	2.1	○

○：水に溶ける　×：水に溶けない

▶詳しい特性をチェック！

ここからは、その他のもので政令で定めるものの詳しい特性について学びます。これまでになく特性がたくさんあります。しっかり整理しましょう。

表で覚える その他のもので政令で定めるものの各種特性

物品名	特性
過ヨウ素酸ナトリウム	①**水**によく溶ける ② **300**℃で分解し、ヨウ素酸ナトリウムと酸素を発生する ③可燃物と混合した状態では、**加熱**や衝撃により発火・爆発する恐れがある ④吸引したり飲み下したりすると**有害**である
三酸化クロム	①**水**、**希エタノール**に溶ける ②強い**潮解**性がある ③約 **250**℃で分解して酸素を発生する ④**酸化**性が強く、毒性があり、皮膚を侵す ⑤水溶液は腐食性の強い酸である ⑥アルコール、ジエチルエーテル、アセトンなどと接触すると爆発的に発火する
二酸化鉛	①**水**、**アルコール**に溶けない ②多くの**酸**、**アルカリ**に溶ける ③高い**電気伝導**性をもつ（金属並みに電気を通す） ④日光や加熱により分解して**酸素**を発生する ⑤毒性が強い ⑥可燃物や**酸化**されやすい物質と混合した状態では、**加熱**や衝撃により発火・爆発する恐れがある
次亜塩素酸カルシウム （別名：高度さらし粉）	①**水**に溶ける ②**吸湿**性、**潮解**性がある ③ **150**℃以上で分解して酸素を発生する ④水と反応して塩化水素ガスと**酸素**を発生する ⑤塩酸により分解して**塩素**を発生する ⑥常温でも不安定で空気中の水分や二酸化炭素によって次亜塩素酸を遊離し、強烈な**塩素臭**を生じる ⑦漂白、殺菌作用があるためプールの消毒に用いられる
炭酸ナトリウム 過酸化水素付加物	①**水**によく溶ける ②**50**℃以上で自己分解が起こり、発熱しながら水蒸気と**酸素**を発生する ③**金属**、**有機物**、**酸**、還元剤と反応する

水への溶解性だけでなく、
酸やアルコールへの
溶解性も覚えましょう

たくさんあって覚えるのが大変そうです……。

そのなかでも共通しているところもありますね。たとえば、水への溶解性はどうですか？

あっ、二酸化鉛以外は、どれも溶けます！

そうですね。また、第1類危険物で**酸化**性ということもあり、加熱すると**酸素**を発生するという特徴もありますね。そうやって、何が同じで何が異なるかを確認しながら覚えていくとよいと思います。

わかりました！

次に、貯蔵・取扱および消火方法についても次ページに表でまとめたので確認しましょう。過ヨウ素酸ナトリウムは、人体におよぼす危険についての言及もあります。

消火方法では、その他のもので政令で定めるものは、すべて**冷却**消火が可能なのですね。

はい、その通りです。三酸化クロムと二酸化鉛は、**泡**消火剤、**強化液**消火剤、**粉末**消火剤（リン酸塩類）も有効ですので、あわせて覚えておきましょう。

容器に関しても問われるのですか？

はい。金属と反応する物質もあり、使用できない容器もあります。誤った貯蔵方法だと発火または爆発する危険性があります。そのため、取扱方法などには注意が必要です。

それは、怖いですね。

実際に取扱うことを想定しながらしっかり学習しましょう。

はい、がんばります！

表で覚える 過ヨウ素酸ナトリウムの貯蔵・取扱および消火方法

	内容
貯蔵・取扱方法	①**加熱**、衝撃を避ける ②吸引または飲み下すと有害であるため避ける
消火方法	①大量の**水**で**冷却**消火する

表で覚える 三酸化クロムの貯蔵・取扱および消火方法

	内容
貯蔵・取扱方法	①**加熱**を避ける ②**可燃物**、アルコールとの接触を避ける ③鉛などを**内張り**した容器に貯蔵する
消火方法	①大量の**水**で**冷却**消火する ②**泡**消火剤、**強化液**消火剤、**粉末**消火剤（リン酸塩類）も有効

表で覚える 二酸化鉛の貯蔵・取扱および消火方法

	内容
貯蔵・取扱方法	①**日光**および**加熱**を避ける
消火方法	①大量の**水**で**冷却**消火する ②**泡**消火剤、**強化液**消火剤、**粉末**消火剤（リン酸塩類）も有効

表で覚える 次亜塩素酸カルシウムの貯蔵・取扱および消火方法

	内容
貯蔵・取扱方法	①**加熱**、衝撃、摩擦を避ける ②異物の混入を避ける ③容器は**密栓**する
消火方法	①大量の**水**で**冷却**消火する

表で覚える 炭酸ナトリウム過酸化水素付加物の貯蔵・取扱および消火方法

	内容
貯蔵・取扱方法	①容器は**密栓**する ②乾燥した**冷暗所**に保管する ③**アルミ製**や亜鉛製の貯蔵容器は使用しない
消火方法	①大量の**水**で**冷却**消火する

練習問題解説

(2)三酸化クロムは、白色ではなく「暗赤色の針状結晶」なので誤りです。また、アルコール、ジエチルエーテル、アセトンなどと接触すると、爆発的に発火するのであわせて覚えておきましょう。

正解　(2)

第2章

第１類危険物の各種特性

要点をチェック！　まとめ②

第１類それぞれの危険物の特性に関するまとめです。テキストパートの復習や試験直前期の見直しなどに活用しましょう。

表で覚える　第１類危険物の形状による分類　2-1 ～ 2-7

無色の結晶・粉末・結晶性粉末の物品
塩素酸ナトリウム、塩素酸アンモニウム、過塩素酸カリウム、過塩素酸ナトリウム、過塩素酸アンモニウム、硝酸カリウム、硝酸ナトリウム、ヨウ素酸カリウム、ヨウ素酸ナトリウム、 塩素酸バリウム、過酸化カルシウム、過酸化マグネシウム、 亜塩素酸ナトリウム、臭素酸カリウム

白色の物品
過ヨウ素酸ナトリウム、次亜塩素酸カルシウム、炭酸ナトリウム過酸化水素付加物

橙赤色・**橙黄**色の結晶の物品
重クロム酸カリウム、 重クロム酸アンモニウム

カラフルな物品
過酸化カリウム：**オレンジ**色の粉末 過酸化ナトリウム：**黄白**色の粉末 過マンガン酸カリウム：**黒紫**色または**赤紫**色の結晶 過マンガン酸ナトリウム：**赤紫**色の粉末 三酸化クロム：**暗赤**色の針状結晶

その他
塩素酸カリウム：**無**色の結晶または**白**色の粉末 過酸化バリウム：**灰白**色の粉末 硝酸アンモニウム：**無**色の結晶または**結晶**性粉末 二酸化鉛：**黒褐**色の粉末

たくさんの種類があるので、まずは形状でまとめました

表で覚える 第１類危険物の比重による分類　2-1 ～ 2-7

軽

比重が 2.0 未満の物品
硝酸アンモニウム：1.8

比重が 2.0 以上 2.5 未満の物品
過塩素酸ナトリウム、過塩素酸アンモニウム、過酸化カリウム：2.0
硝酸カリウム、炭酸ナトリウム過酸化水素付加物：2.1
重クロム酸アンモニウム：2.2
塩素酸カリウム、硝酸ナトリウム：2.3
塩素酸アンモニウム、次亜塩素酸カルシウム：2.4

比重が 2.5 以上 3.0 未満の物品
塩素酸ナトリウム、過塩素酸カリウム、亜塩素酸ナトリウム、過マンガン酸ナトリウム：2.5
過マンガン酸カリウム、重クロム酸カリウム、三酸化クロム：2.7
過酸化ナトリウム、過酸化カルシウム：2.9

比重が 3.0 以上 4.0 未満の物品
過酸化マグネシウム：3.0
塩素酸バリウム：3.2
臭素酸カリウム：3.3
ヨウ素酸カリウム、過ヨウ素酸ナトリウム：3.9

比重が 4.0 以上の物品
ヨウ素酸ナトリウム：4.3
過酸化バリウム：5.0
二酸化鉛：9.4

重

形状や比重など似ている物品も多くありますが、突出してほかと異なるものがあります。特徴をおさえながら丁寧に覚えましょう

知識を定着！　復習問題

これまでに学んだ知識を、復習問題に取り組むことでしっかり定着させましょう。間違えた問題は解説を読んで復習し、正解するまで取り組んでください。しっかりと知識が定着したら、予想模擬試験にチャレンジしましょう！

問1 塩素酸カリウムの性状について、次のうち誤っているものはどれか。

(1) 無色の結晶である。
(2) 水によく溶ける。
(3) 比重は1より大きい。
(4) 約400℃で塩化カリウムと過塩素酸カリウムに分解する。
(5) 強い酸化剤で有毒である。

問2 過塩素酸ナトリウムの性状について、次のうち誤っているものはどれか。

(1) 水によく溶ける。
(2) 潮解性がある。
(3) 無色の結晶である。
(4) 200℃以上で分解し、水素を発生する。
(5) エタノールに溶ける。

問3 過酸化カリウムの性状について、次のうち誤っているものはどれか。

(1) 水と激しく反応して発熱し、酸素と水酸化カリウムを発生する。
(2) 融点以上で発熱し、酸素を発生する。
(3) 吸湿性が強い。
(4) 潮解性がある。
(5) 無色の粉末である。

問4 亜塩素酸ナトリウムの性状について、次のうち誤っているものはどれか。

(1) 吸湿性がある。
(2) 常温（20℃）では安定している。
(3) 加熱すると塩素酸ナトリウムと塩化ナトリウムを生じる。
(4) 水によく溶ける。
(5) 無色の結晶性粉末である。

問 5 硝酸カリウムの性状について、次のうち誤っているものはどれか。

(1) 100℃で分解し、酸素を発生する。
(2) 無色の結晶である。
(3) 黒色火薬の原料である。
(4) 水によく溶ける。
(5) 比重は 1 より大きい。

問 6 ヨウ素酸カリウムの性状について、次のうち誤っているものはどれか。

(1) 無色の結晶である。
(2) 比重は 1 より大きい。
(3) エタノールに溶ける。
(4) 加熱すると分解して酸素を発生する。
(5) 水溶液はバリウムと反応して難溶性の沈殿物を作る。

問 7 重クロム酸アンモニウムの性状について、次のうち誤っているものはどれか。

(1) 橙黄色の結晶である。
(2) 水に溶ける。
(3) 加熱すると約 185℃で分解して酸素を発生する。
(4) 毒性が強い。
(5) 比重は 1 より大きい。

問 8 過ヨウ素酸ナトリウムの性状について、次のうち誤っているものはどれか。

(1) 白色の結晶である。
(2) 吸引すると有害である。
(3) 300℃で分解し、酸素を発生する。
(4) 水によく溶ける。
(5) 可燃物と混合した状態では、安定している。

問 9 二酸化鉛の性状について、次のうち誤っているものはどれか。

(1) 酸には溶けるが、アルカリには溶けない。
(2) 水に溶けない。
(3) 高い電気伝導性をもつ。
(4) 黒褐色の粉末である。
(5) 日光や加熱により分解して酸素を発生する。

問 10 次亜塩素酸カルシウムの性状について、次のうち誤っているものはどれか。

(1) 潮解性がある。
(2) 白色の粉末である。
(3) 常温でも不安定で空気中の水分や二酸化炭素によって次亜塩素酸を遊離する。
(4) 150℃以上で分解して酸素を発生する。
(5) 水とは反応しない。

解答 & 解説

問 1

水によく溶けるのではなく溶けにくいので誤りです。ただし、熱水には溶けます。また、(4)で約 400℃で塩化カリウムと過塩素酸カリウムに分解するとありますが、さらに加熱すると、過塩素酸カリウムが酸素と塩化カリウムに分解します。 正解 (2)

問 2

過塩素酸ナトリウムは、200℃以上で分解し水素ではなく、酸素を発生します。第 1 類危険物は、分子内に酸素を含んでおり、ほかの物質を酸化させる酸化剤です。そのため、分解すると酸素を発生します。また、(5)でエタノールに溶けるとありますが、アセトンにも溶けます。何に溶けて、何に溶けないのかも重要です。 正解 (4)

問 3

第 1 類危険物の大部分は、無色の結晶または白色の粉末です。しかし、過酸化カリウムはオレンジ色の粉末です。第 1 類危険物だけでなく、すべての危険物において共通特性の例外は試験でよく問われるので、特に注意が必要です。まずは共通特性を覚えて、そのあとに例外を覚えていくと効率よく知識をつけることができます。

正解 (5)

問 4

亜塩素酸ナトリウムは、常温で分解して爆発性を有する二酸化塩素を生じます。この二酸化塩素は、塩素に似た刺激臭を有します。(3)加熱すると塩素酸ナトリウムと塩化ナトリウムを生じるとありますが、生成物である塩素酸ナトリウムも第 1 類危険物なので、塩素酸ナトリウムの性状もおさえておきましょう。 正解 (2)

問 5

硝酸カリウムは 100℃ではなく、400℃で分解して酸素を発生します。第 1 類危険物は、加熱によって分解するものが多いので、何℃で分解するのか、分解して何を発生するのかを覚えておきましょう。また、危険物が何に使用されているのかも大事なポイントです。 正解 (1)

問6

ヨウ素酸カリウムは、エタノールに溶けません。水溶性もよく問われる内容ですが、エタノールやアセトンといった有機溶剤に溶けるか、溶けないかについても問われます。(5)水溶液はバリウムと反応して難溶性の沈殿物を作るとありますが、水銀とも反応して、同様に難溶性の沈殿物を作ります。　正解　(3)

問7

加熱すると約185℃で分解して、酸素ではなく窒素を発生するので誤りです。また、加熱による分解で窒素だけでなく、酸化クロムと水も生じます。似た物質で重クロム酸カリウムがありますが、これは500℃以上で分解し、酸素を発生します。間違えないように注意しましょう。また、重クロム酸カリウムは強い酸化剤なので加熱、衝撃、摩擦を避け、容器は密栓して貯蔵するようにしましょう。　正解　(3)

問8

可燃物と混合した状態では、安定しているのではなく、加熱や衝撃により発火・爆発する恐れがあるので危険です。第1類危険物は酸化性固体の集まりで、自身は燃えないですが、混合するほかの可燃物の燃焼を促進する性質をもっています。そのため、可燃物の混合、加熱や衝撃を避けて貯蔵する必要があります。　正解　(5)

問9

二酸化鉛は、酸には溶けるが、アルカリには溶けないのではなく、多くの酸やアルカリに溶けるので誤りです。また、水だけでなくアルコールにも溶けません。(3)高い電気伝導性をもつとありますが、金属並みに電気を通します。そして、可燃物や酸化されやすい物質と混合した状態では、加熱や衝撃により発火・爆発する恐れがあるので、可燃物や酸化されやすい物質との混合は避けましょう。　正解　(1)

問10

次亜塩素酸カルシウムは、水と反応しないのではなく、水と反応して塩化水素ガスと酸素を発生するので誤りです。(3)常温でも不安定で、空気中の水分や二酸化炭素によって次亜塩素酸を遊離するとありますが、これにより強烈な塩素臭を生じます。

正解　(5)

復習問題を解いてみて、
間違えた問題などは
テキストに戻って復習
しておきましょう！

第1類危険物

1回目：　／　2回目：　／

一問一答・チャレンジ問題！

これまでに学んだ知識が身についているかを、一問一答形式の問題で確認しましょう。付属の赤シートを紙面に重ね、隠れた文字（赤字部分）を答えていってください。赤字部分は合格に必須な重要単語です。試験直前もこの一問一答でしっかり最終チェックをしていきましょう！

重要度：☆☆＞☆＞無印

□□ **1** ☆☆ 第1類危険物は**酸化性固体**の集まりで、**酸化**性とは、自身は燃えないが、混合するほかの可燃物の燃焼を促進する性質のことである。 (1-1 参照)

□□ **2** ☆☆ 第1類危険物は、いずれも**不燃**性で酸素を分子内に含んでおり、ほかの物質を**酸化**させる。 (1-1 参照)

□□ **3** ☆ 塩素酸塩類には、**塩素酸カリウム**、**塩素酸ナトリウム**、**塩素酸アンモニウム**、**塩素酸バリウム**が分類される。 (1-2 参照)

□□ **4** ☆ 過塩素酸塩類には、**過塩素酸カリウム**、**過塩素酸ナトリウム**、**過塩素酸アンモニウム**が分類される。 (1-2 参照)

□□ **5** ☆ 無機過酸化物には、**過酸化カリウム**、**過酸化ナトリウム**、**過酸化カルシウム**、**過酸化マグネシウム**、**過酸化バリウム**が分類される。 (1-2 参照)

□□ **6** ☆ 亜塩素酸塩類には、**亜塩素酸ナトリウム**が分類される。 (1-2 参照)

□□ **7** ☆ 臭素酸塩類には、**臭素酸カリウム**が分類される。 (1-2 参照)

□□ **8** ☆ 硝酸塩類には、**硝酸カリウム**、**硝酸ナトリウム**、**硝酸アンモニウム**が分類される。 (1-2 参照)

□□ **9** ☆ ヨウ素酸塩類には、**ヨウ素酸カリウム**、**ヨウ素酸ナトリウム**が分類される。 (1-2 参照)

□□ **10** ☆ 過マンガン酸塩類には、**過マンガン酸カリウム**、**過マンガン酸ナトリウム**が分類される。 (1-2 参照)

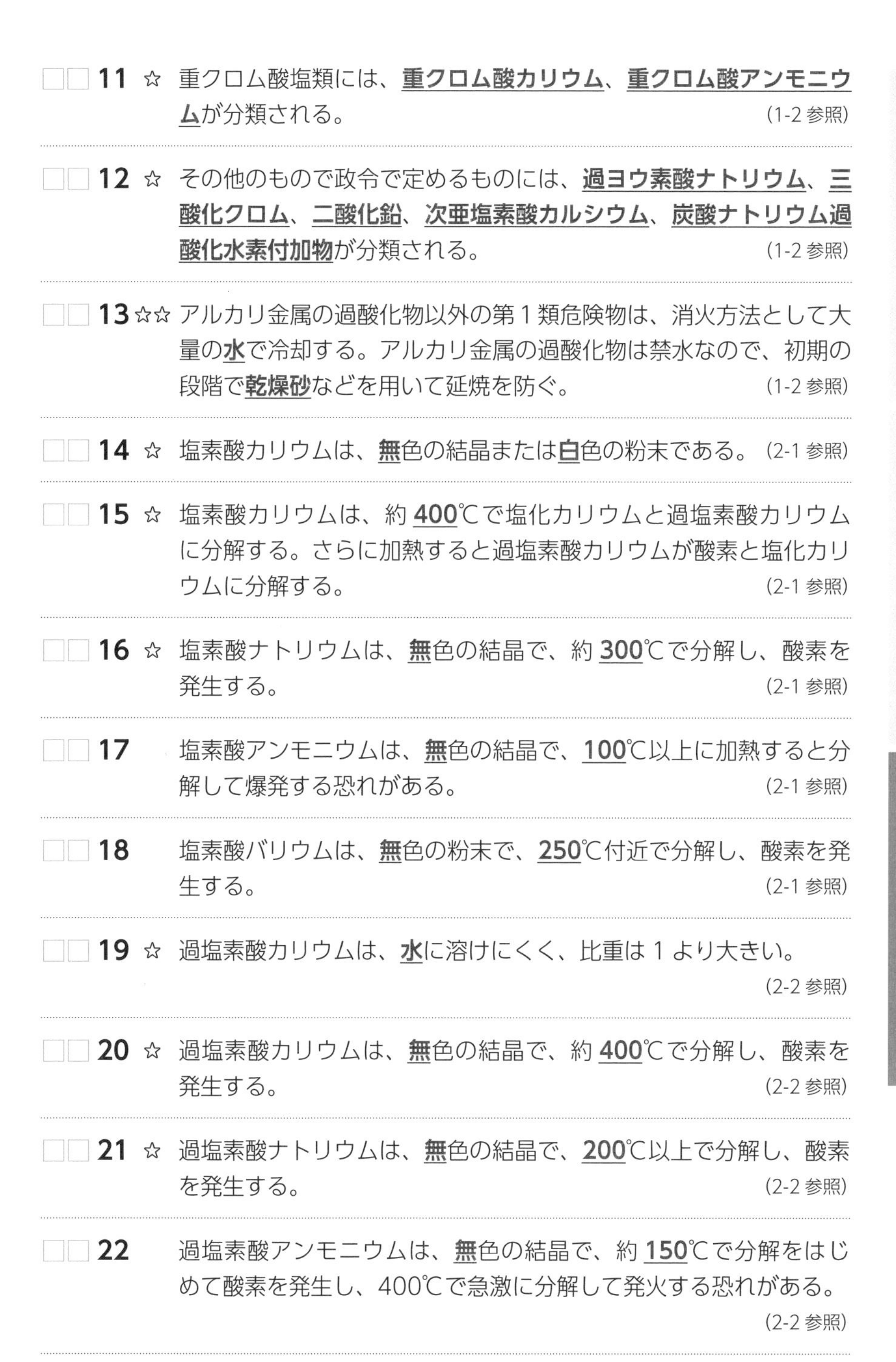

□□ **11** ☆ 重クロム酸塩類には、**重クロム酸カリウム**、**重クロム酸アンモニウム**が分類される。 (1-2 参照)

□□ **12** ☆ その他のもので政令で定めるものには、**過ヨウ素酸ナトリウム**、**三酸化クロム**、**二酸化鉛**、**次亜塩素酸カルシウム**、**炭酸ナトリウム過酸化水素付加物**が分類される。 (1-2 参照)

□□ **13** ☆☆ アルカリ金属の過酸化物以外の第１類危険物は、消火方法として大量の**水**で冷却する。アルカリ金属の過酸化物は禁水なので、初期の段階で**乾燥砂**などを用いて延焼を防ぐ。 (1-2 参照)

□□ **14** ☆ 塩素酸カリウムは、**無**色の結晶または**白**色の粉末である。 (2-1 参照)

□□ **15** ☆ 塩素酸カリウムは、約 **400**℃で塩化カリウムと過塩素酸カリウムに分解する。さらに加熱すると過塩素酸カリウムが酸素と塩化カリウムに分解する。 (2-1 参照)

□□ **16** ☆ 塩素酸ナトリウムは、**無**色の結晶で、約 **300**℃で分解し、酸素を発生する。 (2-1 参照)

□□ **17** 塩素酸アンモニウムは、**無**色の結晶で、**100**℃以上に加熱すると分解して爆発する恐れがある。 (2-1 参照)

□□ **18** 塩素酸バリウムは、**無**色の粉末で、**250**℃付近で分解し、酸素を発生する。 (2-1 参照)

□□ **19** ☆ 過塩素酸カリウムは、**水**に溶けにくく、比重は 1 より大きい。 (2-2 参照)

□□ **20** ☆ 過塩素酸カリウムは、**無**色の結晶で、約 **400**℃で分解し、酸素を発生する。 (2-2 参照)

□□ **21** ☆ 過塩素酸ナトリウムは、**無**色の結晶で、**200**℃以上で分解し、酸素を発生する。 (2-2 参照)

□□ **22** 過塩素酸アンモニウムは、**無**色の結晶で、約 **150**℃で分解をはじめて酸素を発生し、400℃で急激に分解して発火する恐れがある。 (2-2 参照)

□□ 23 ☆☆ 過酸化カリウムは、融点（**490**℃）以上で発熱し、酸素を発生する。また、**吸湿**性が強く、**潮解**性がある。 (2-3 参照)

□□ 24 ☆☆ 過酸化カリウムは、**オレンジ**色の粉末で、水と激しく反応して発熱し、**酸素**と水酸化カリウムを発生する。 (2-3 参照)

□□ 25 ☆ 過酸化ナトリウムは、**黄白**色の粉末で、水と激しく反応して発熱し、**酸素**と水酸化ナトリウムを発生する。 (2-3 参照)

□□ 26 過酸化カルシウムは、**無**色の粉末で、**275**℃以上で分解し、酸素を発生する。 (2-3 参照)

□□ 27 過酸化マグネシウムは、**無**色の粉末で、加熱すると**酸素**と酸化マグネシウムを発生する。 (2-3 参照)

□□ 28 ☆ 過酸化バリウムは、**灰白**色の粉末で、**840**℃で分解し、酸素と酸化バリウムを発生する。 (2-3 参照)

□□ 29 ☆ 亜塩素酸ナトリウムは、常温で分解し、爆発性を有する**二酸化塩素（ClO_2）**を発生するため、刺激臭がある。 (2-4 参照)

□□ 30 亜塩素酸ナトリウムは、**無**色の結晶性粉末で、加熱すると**塩素酸ナトリウム**と塩化ナトリウムを発生する。 (2-4 参照)

□□ 31 臭素酸カリウムは、**水**に溶けるが、**アルコール**に溶けにくく、**アセトン**に溶けない。 (2-4 参照)

□□ 32 臭素酸カリウムは、**無**色の結晶性粉末で、約 **370**℃で分解し、酸素を発生する。 (2-4 参照)

□□ 33 ☆ 硝酸カリウムは、**無**色の結晶で、**400**℃で分解し酸素を発生する。 (2-5 参照)

□□ 34 ☆ 硝酸ナトリウムは、**無**色の結晶で、**380**℃で分解し酸素を発生する。 (2-5 参照)

□□ 35 硝酸アンモニウムは、**無**色の結晶または結晶性粉末で、約 **210**℃で分解し、有毒な一酸化二窒素と水を発生する。 (2-5 参照)

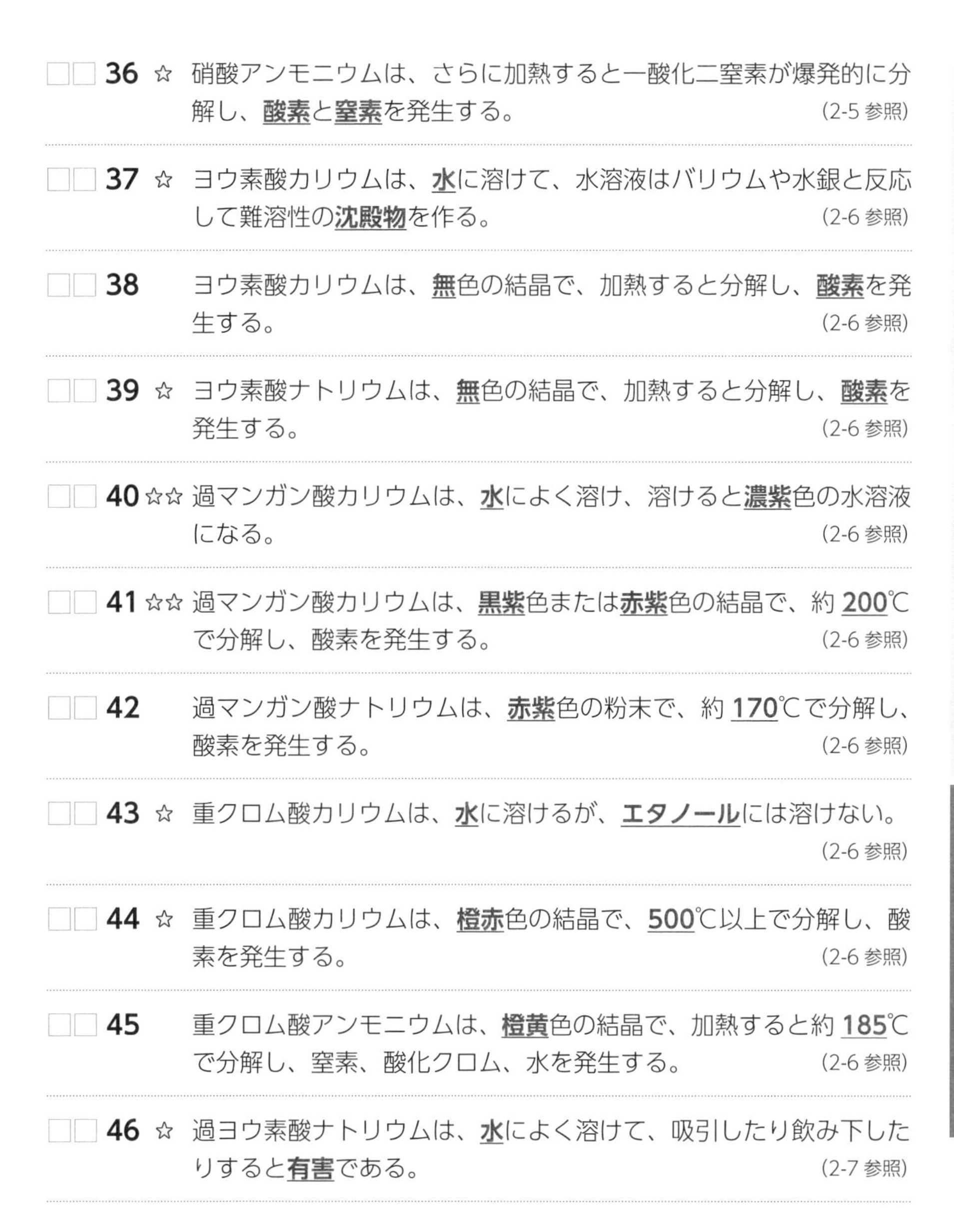

□□ **36** ☆ 硝酸アンモニウムは、さらに加熱すると一酸化二窒素が爆発的に分解し、**酸素**と**窒素**を発生する。 (2-5 参照)

□□ **37** ☆ ヨウ素酸カリウムは、**水**に溶けて、水溶液はバリウムや水銀と反応して難溶性の**沈殿物**を作る。 (2-6 参照)

□□ **38** ヨウ素酸カリウムは、**無**色の結晶で、加熱すると分解し、**酸素**を発生する。 (2-6 参照)

□□ **39** ☆ ヨウ素酸ナトリウムは、**無**色の結晶で、加熱すると分解し、**酸素**を発生する。 (2-6 参照)

□□ **40** ☆☆ 過マンガン酸カリウムは、**水**によく溶け、溶けると**濃紫**色の水溶液になる。 (2-6 参照)

□□ **41** ☆☆ 過マンガン酸カリウムは、**黒紫**色または**赤紫**色の結晶で、約 **200**℃で分解し、酸素を発生する。 (2-6 参照)

□□ **42** 過マンガン酸ナトリウムは、**赤紫**色の粉末で、約 **170**℃で分解し、酸素を発生する。 (2-6 参照)

□□ **43** ☆ 重クロム酸カリウムは、**水**に溶けるが、**エタノール**には溶けない。 (2-6 参照)

□□ **44** ☆ 重クロム酸カリウムは、**橙赤**色の結晶で、**500**℃以上で分解し、酸素を発生する。 (2-6 参照)

□□ **45** 重クロム酸アンモニウムは、**橙黄**色の結晶で、加熱すると約 **185**℃で分解し、窒素、酸化クロム、水を発生する。 (2-6 参照)

□□ **46** ☆ 過ヨウ素酸ナトリウムは、**水**によく溶けて、吸引したり飲み下したりすると**有害**である。 (2-7 参照)

直前期には、重要度の高い☆☆の問題をしっかりと見直して、確実に正解できるようになりましょう

□□ **47** 　過ヨウ素酸ナトリウムは、**白**色の結晶で、**300**℃で分解し、ヨウ素酸ナトリウムと酸素を発生する。 (2-7 参照)

□□ **48** ☆☆ 三酸化クロムは、**水**や希エタノールに溶けて、水溶液は腐食性の強い**酸**である。 (2-7 参照)

□□ **49** ☆☆ 三酸化クロムは、**暗赤**色の針状結晶で、約 **250**℃で分解して酸素を発生する。 (2-7 参照)

□□ **50** ☆☆ 二酸化鉛は、**水**やアルコールに溶けないが、多くの**酸**やアルカリに溶ける。 (2-7 参照)

□□ **51** ☆☆ 二酸化鉛は、**黒褐**色の粉末で、日光や加熱により分解して**酸素**を発生する。 (2-7 参照)

□□ **52** ☆ 次亜塩素酸カルシウムは、常温でも不安定で空気中の水分、二酸化炭素によって**次亜塩素酸**を遊離し、強烈な**塩素臭**を生じる。 (2-7 参照)

□□ **53** ☆ 次亜塩素酸カルシウムは、**白**色の粉末で、**150**℃以上で分解して酸素を発生する。 (2-7 参照)

□□ **54** 　炭酸ナトリウム過酸化水素付加物は、**水**によく溶けて、**金属**、有機物、酸、還元剤と反応する。 (2-7 参照)

□□ **55** 　炭酸ナトリウム過酸化水素付加物は、**白**色の粒状で、**50**℃以上で自己分解が起こり、発熱しながら水蒸気と酸素を発生する。 (2-7 参照)

間違えた問題や明確に正解できなかった問題には、
☑をつけておいて、テキストを読み直してから
再度解き直してみましょう

第２類危険物

この章では、第２類危険物の性質、貯蔵・取扱・消火方法について解説します。第２類危険物は、可燃性固体の集まりです。特に赤りん、硫黄が出題されやすい傾向がありますので、気をつけて学んでいきましょう。

Contents

1-1

第２類危険物の共通特性

まずは第２類危険物の共通特性について学んでいきましょう。
「すべて」「大部分」に共通するものなどを解説します。

本テーマはこんな問題が出題されます

練習問題

第２類危険物の性状について、次のうち誤っているものはどれか。

(1)　いずれも水に沈む。
(2)　いずれも可燃性である。
(3)　いずれも燃焼速度が速い。
(4)　いずれも固体である。
(5)　水に溶けないものが多い。

▶ 第２類危険物とは？

第２類危険物は、**可燃性固体**の集まりです。

燃える固体の集まりということですね。

その通りです。燃焼の三要素として「可燃物・点火源・酸素供給源」がありますが、第２類危険物は**可燃物**に該当します。

なるほど。わかりやすいです。

図で覚える 第２類危険物の特徴

第2類危険物  可燃性  固体

▶ 第２類危険物の共通特性をチェック！

ほかにも第２類危険物に共通する特性はありますか？

あります。まずは、次ページの表にある共通特性を覚えて第２類危険物の全体像をイメージしてください。

可燃性固体である以外にも、いろいろな特性があるのですね。

はい。「すべて」に共通する特性で、「比較的低温で**着火**しやすい」ということもおさえておきましょう。

わかりました！

表で覚える 第２類危険物のすべてに共通する特性など

範囲	特性
すべて	・**可燃**性である ・**固体**である ・**酸化**されやすい ・比較的低温で**着火**しやすい ・燃焼速度が**速い** ・酸化剤と接触または混合すると、打撃などにより**爆発**する恐れがある
大部分	・比重は１より**大きい** ・水に**溶けない**

「大部分」と表記している特性について、該当する物質は、本章の 2-1 以降で解説します。

「すべて」に共通する特性に、「酸化されやすい」とありますが、どういった特性ですか？

第２類危険物は**可燃性固体**であり、燃焼する危険性が**高い**物質です。燃焼というのは「熱と光を伴う急激な**酸化反応**」のことですので、「可燃物＝酸化されやすい」といった特性があります。

だから酸化剤と接触させると危険なのですね。

その通りです。第２類危険物は火災の危険性に加えて、燃焼速度が**速い**点にも注意が必要です。

しっかりと覚えます！

練習問題解説

⑴第２類危険物は水に沈む物質が多いですが、固形アルコールの比重は約 0.8 で、「水に浮く物質もある」ため誤りです。また、⑸にあるように「水に溶けないものが多い」という特徴もあるので、あわせて覚えておきましょう。

正解 ⑴

1-2 第2類危険物の分類と貯蔵・消火方法

第２類危険物の分類と貯蔵・消火方法について解説します。水を使用すると危険なものがあるので注意が必要です。

本テーマはこんな問題が出題されます

練習問題

第２類危険物の貯蔵・取扱方法について、次のうち誤っているものはどれか。

(1) 炎、火花、高温体との接触を避ける。
(2) 作業の際は、防護服を着用して、吸引や皮膚への飛沫の付着を避ける。
(3) 酸化剤との接触、混合を避ける。
(4) 鉄粉・アルミニウム粉・亜鉛粉・マグネシウム粉は、水との接触を避ける。
(5) 防湿に注意し、容器は密封しない。

▶ 第２類危険物の分類

第２類危険物を表にまとめたので見てください。身近な物品もあります。

表で覚える 第２類危険物の品目・物品名・消火方法

品目	物品名	消火方法
硫化りん	三硫化りん（三硫化四りん）、五硫化りん（五硫化二りん）、七硫化りん（七硫化四りん）	乾燥砂
赤(せき)りん	赤りん	水系の消火剤、乾燥砂
硫黄	硫黄	
鉄粉	鉄粉	乾燥砂
金属粉	アルミニウム粉、亜鉛粉	
マグネシウム	マグネシウム	
引火性固体	固形アルコール、ゴムのり、ラッカーパテ	窒息消火

水系の消火剤が使用できる物質とできない物質があるのですね。

硫化りんや鉄粉、金属粉、マグネシウムなどは水と接触すると、有毒な硫化水素を発生したり、爆発する危険性があったりするのです。

とても危険ですね。

▶ 貯蔵・取扱方法のポイント

次に、第２類危険物の貯蔵・取扱方法についてまとめたので見てみましょう。人体に危険をおよぼすこともあるので、しっかり確認してください。

表で覚える 第2類危険物の貯蔵・取扱方法

	貯蔵・取扱方法
①	酸化剤との**接触**、**混合**を避ける
②	**炎**、**火花**、**高温体**との接触、**加熱**を避ける
③	鉄粉・アルミニウム粉・亜鉛粉・マグネシウム粉は、**水**・**酸**との接触を避ける
④	引火性固体は**密封**して、みだりに可燃性蒸気を発生させない
⑤	一般に**防湿**に注意し、容器は**密封**して**防水**性のある多層紙袋を使用して**冷暗所**で貯蔵する
⑥	作業の際は、**防護服**を着用して、**吸引**や**皮膚への飛沫**(ひまつ)**の付着**を避ける
⑦	粉じん爆発の恐れがある場合、以下の点に注意する ・**火気**を避ける ・**換気**を十分に行い、粉じんの濃度を燃焼範囲の下限値未満にする ・**静電気**の蓄積を防止する ・電気設備を**防爆構造**にする ・無用な粉じんの**堆積**(たいせき)を防止する ・粉じんを取扱う装置類に**不燃性ガス**を封入する

▶ 消火方法の注意点など

第2類危険物の消火方法については、水が使えるのかどうかを覚えておきましょう。

表で覚える 第2類危険物の消火方法

	消火方法
①	水と接触すると発火または有毒ガスや可燃性ガスを発生する物質は、**乾燥砂**などで**窒息**消火する
②	上記①以外の物質（赤りん、硫黄など）は、乾燥砂などによる**窒息**消火に加えて、**水系の**消火剤（**水・泡・強化液**）による**冷却**消火も有効である
③	引火性固体は、泡・粉末・二酸化炭素・ハロゲン化物などにより**窒息**消火する

第2類危険物は、**窒息**消火が有効です。

第2類危険物の共通事項ですね。しっかり覚えます。

練習問題解説

(5)一般に防湿に注意し、「容器は密封する必要がある」ので誤りです。また、防水性のある多層紙袋を使用して「冷暗所で貯蔵する必要がある」というのもあわせて覚えておきましょう。

正解 (5)

第２類危険物の基礎知識

要点をチェック！　まとめ①

第２類危険物の全体像を理解しましょう。テキストとは違う切り口でまとめているものもあるので、直前期にも要チェック！

図で覚える　第２類危険物とは？　1 - 1

第2類危険物  可燃性  固体

燃焼の三要素として「可燃物・点火源・酸素供給源」がありますが、第２類危険物は可燃物に該当します

表で覚える　第２類危険物のすべてに共通する特性など　1 - 1

範囲	特性
すべて	・可燃性である ・固体である ・酸化されやすい ・比較的低温で着火しやすい ・燃焼速度が速い ・酸化剤と接触または混合すると、打撃などにより爆発する恐れがある
大部分	・比重は１より大きい ・水に溶けない

第２類危険物は可燃性固体であり、燃焼する危険性が高い物質です。
また、燃焼速度が速い点にも注意が必要です

表で覚える　第２類危険物の消火方法による分類　1 - 2

乾燥砂：水と接触すると発火または有毒ガスや可燃性ガスを発生する物質に有効
硫化りん（三硫化りん、五硫化りん、七硫化りん）、鉄粉、マグネシウム、 金属粉（アルミニウム粉、亜鉛粉）
水系の消火剤、乾燥砂
赤りん、硫黄 ※乾燥砂などによる**窒息**消火に加えて、**水系の**消火剤（**水・泡・強化液**）による**冷却**消火も有効
泡・粉末・二酸化炭素・ハロゲン化物などにより窒息消火する
引火性固体（固形アルコール、ゴムのり、ラッカーパテ）

表で覚える　第２類危険物の貯蔵・取扱方法　1 - 2

	貯蔵・取扱方法
①	酸化剤との**接触**、**混合**を避ける
②	**炎**、**火花**、**高温体**との接触、**加熱**を避ける
③	鉄粉・アルミニウム粉・亜鉛粉・マグネシウム粉は、**水**・**酸**との接触を避ける
④	引火性固体は**密封**して、みだりに可燃性蒸気を発生させない
⑤	一般に**防湿**に注意し、容器は**密封**して**防水**性のある多層紙袋を使用して**冷暗所**で貯蔵する
⑥	作業の際は、**防護服**を着用して、**吸引**や**皮膚への飛沫の付着**を避ける
⑦	粉じん爆発の恐れがある場合、以下の点に注意する ・**火気**を避ける ・**換気**を十分に行い、粉じんの濃度を燃焼範囲の下限値未満にする ・**静電気**の蓄積を防止する ・電気設備を**防爆構造**にする ・無用な粉じんの**堆積**を防止する ・粉じんを取扱う装置類に**不燃性ガス**を封入する

知識を定着！　復習問題

これまでに学んだ知識を、復習問題に取り組むことでしっかり定着させましょう。間違えた問題は解説を読んで復習し、正解するまで取り組んでください。しっかりと知識が定着したら、予想模擬試験にチャレンジしましょう！

問１ 第２類危険物の性状について、次のうち誤っているものはどれか。

(1) いずれも固体である。
(2) いずれも酸化されやすい。
(3) いずれも燃焼速度が速い。
(4) いずれも比較的低温で着火しやすい。
(5) いずれも水に沈む。

問２ 第２類危険物に定められるものとして、次のうち誤っているものはどれか。

(1) 黄りん
(2) 三硫化りん
(3) 固形アルコール
(4) 鉄粉
(5) 硫黄

問３ 第２類危険物の貯蔵・取扱方法について、次のうち誤っているものはどれか。

(1) 高温体との接触を避ける。
(2) 引火性固体は通気孔のあるフタを設けた容器に貯蔵する。
(3) 作業の際は防護服を着用する。
(4) 酸化剤との接触、混合を避ける。
(5) 加熱を避ける。

問４ 粉じん爆発の恐れがある場合に注意すべきことについて、次のうち誤っているものはどれか。

(1) 無用な粉じんの堆積を防止する。
(2) 粉じんを取扱う装置類に不燃性ガスを封入する。
(3) 火気を避ける。
(4) 換気を避ける。
(5) 静電気の蓄積を防止する。

問5 第2類危険物の消火方法として、次のうち注水消火が適切なものはどれか。

(1) 五硫化りん
(2) 赤りん
(3) 鉄粉
(4) マグネシウム
(5) 亜鉛粉

解答＆解説

問1

第2類危険物の大部分は、比重が1より**大きい**ので水に沈みます。しかし、固形アルコールの比重は0.8で水より軽く、**水に浮く**ので誤りです。第2類危険物は、**可燃性固体**の集まりであることを覚えていれば、(1)〜(4)が正しいことがわかります。燃焼とは、熱と光を伴う急激な**酸化反応**なので、可燃性＝**酸化**されやすいということになります。このように理解すると覚えやすいです。 **正解 (5)**

問2

黄りんではなく、**赤りん**が第2類危険物に定められています。黄りんは、第3類危険物の**自然発火性物質**で、黄りんと赤りんは、**同素体**です。**同素体**とは、同じ元素からなる単体で性質が異なるもの同士のことです。どちらもりん (P) からなる単体ですが、毒性や色などに違いがあります。 **正解 (1)**

問3

引火性固体は通気孔のあるフタを設けるのではなく、**密封**してみだりに可燃性蒸気を発生させないようにする必要があります。また、第2類危険物は**高温体**だけでなく、**炎**や**火花**との接触も避けます。 **正解 (2)**

問4

粉じん爆発の恐れがある場合は、**換気**を避けるのではなく、**換気**を十分に行い、粉じんの濃度を燃焼範囲の下限値未満にする必要があります。また、**静電気**の放電による**火花**が原因で燃焼し、爆発する危険性があるので、電気設備を**防爆構造**にしなければなりません。 **正解 (4)**

問5

赤りんは、大量の水での**冷却**消火が適しています。第2類危険物では、**硫黄**も注水消火が適しています。五硫化りんや鉄粉、マグネシウム、亜鉛粉は注水厳禁で、**乾燥砂**などによる**窒息**消火が適しています。 **正解 (2)**

2-1 硫化りん

硫化りんの詳しい特性や取扱方法について解説します。３種類あり、形状がいずれも似ています。

本テーマはこんな問題が出題されます

練習問題

硫化りんの性状について、次のうち誤っているものはどれか。

(1) 淡黄色の固体である。
(2) 燃焼すると有毒なガスを発生する。
(3) 加水分解すると酸素を発生する。
(4) 水に沈む。
(5) 二硫化炭素に溶ける。

▶ 硫化りんとは？

硫化りんは、**りん（P）**と**硫黄（S）**の化合物で、組成比によって三硫化りん（P_4S_3）、五硫化りん（P_2S_5）、七硫化りん（P_4S_7）などがあります。

硫黄（S）の数が物品名に関係していますね。

その通りです。硫黄の数を意識すると違いがわかりやすいと思います。

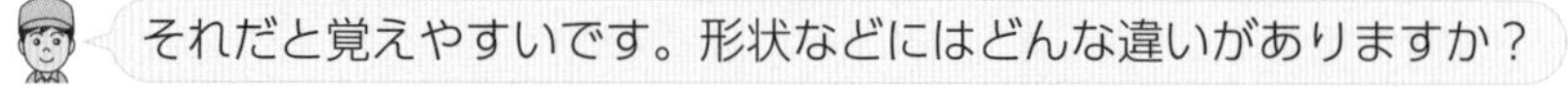

硫化りんに該当する危険物には、水溶性の部分に特徴があります。

表で覚える 硫化りんの分類

物品名	形状	比重	水溶性
三硫化りん P_4S_3	**黄**色または**淡黄**色の結晶	**2.0**	×
五硫化りん P_2S_5	**淡黄**色の結晶	**2.1**	＊
七硫化りん P_4S_7	**淡黄**色の結晶	**2.2**	＊

＊：水で分解する　×：水に溶けない

▶ 硫化りんの詳しい特性をチェック！

ここからは、硫化りんの詳しい特性を学んでいきましょう。水と熱水どちらで加水分解するのかが、特に重要です。

表で覚える 硫化りんの各種特性

物品名	特性
三硫化りん	①**二硫化炭素**、**ベンゼン**、トルエンに溶ける ②ほかの硫化りんと比較すると化学的に**安定**している ③**熱水**によって加水分解して可燃性で有毒な**硫化水素（H_2S）**を発生する ④約 **100℃**で発火の危険性がある ⑤燃焼すると**有毒**な**二酸化硫黄**（**亜硫酸ガス**）を発生する
五硫化りん	①**二硫化炭素**に溶ける ②**特異臭**がある ③**水**によって徐々に加水分解して可燃性で有毒な**硫化水素（H_2S）**を発生する ④燃焼すると、**有毒**な**二酸化硫黄**（**亜硫酸ガス**）を発生する
七硫化りん	①**二硫化炭素**にわずかに溶ける ②**水**では徐々に、**熱水**では速やかに加水分解して可燃性で有毒な**硫化水素（H_2S）**を発生する ③ほかの硫化りんと比較すると、もっとも**加水分解**されやすい ④燃焼すると、**有毒**な**二酸化硫黄**（**亜硫酸ガス**）を発生する

三硫化りんは**熱水**、五硫化りんは**水**、七硫化りんは**水**と**熱水**によって加水分解して、可燃性で有毒な**硫化水素（H_2S）**を発生します。

硫化水素は、水と接触させると危険なのですね。それに、燃焼によっても有毒なガスを発生させるのか……貯蔵方法なども要注意ですね。

はい。取扱う際のポイントも下の表で確認しておきましょう。

表で覚える 硫化りんの貯蔵・取扱および消火方法

	内容
貯蔵・取扱方法	①**酸化剤**との混合を避ける ②**水分**との接触を避ける ③**火気**、衝撃、摩擦を避ける ④容器は**密栓**する ⑤通風、換気のよい**冷暗所**に貯蔵する ⑥金属製容器やガラス製容器に収納する
消火方法	①乾燥砂または不燃性ガスで**窒息**消火する ②**水系の**消火剤（水・泡・強化液）は、可燃性で有毒な**硫化水素**（**H_2S**）が発生するため避ける

練習問題解説

(3)加水分解すると酸素ではなく、「硫化水素を発生する」ため誤りです。そのため「水系の消火剤（水・泡・強化液）の使用を避ける」ことも覚えておきましょう。 正解 (3)

2nd 第2類危険物の各種特性

2-2 赤りん・硫黄

赤りんと硫黄の詳しい特性について解説します。2種類あり、どちらもなじみのある物品です。

練習問題

本テーマはこんな問題が出題されます

赤りんの性状について、次のうち誤っているものはどれか。

(1) 二硫化炭素に溶ける。
(2) 黄りんと同素体である。
(3) 260℃で発火し、十酸化四りんになる。
(4) 赤褐色の粉末である。
(5) 純粋なものは、空気中で自然発火しない。

▶赤りん・硫黄とは？

赤りん（P）は毒性がほとんどなく、マッチ箱の側薬（そくやく）や医療品などの原料として使用されています。**硫黄（S）**は、硫化水素（H_2S）を原料として製造され、地殻中には鉱物としても多量に存在しています。

赤りんと似た物質で黄（おう）りんという物質を聞いたことがあります。

赤りんと黄りんは**同素体**で、赤りんのほうが安定しています。ちなみに黄りんは、第3類危険物に分類されています。

表で覚える 赤りん・硫黄の基本性状

物品名	形状	比重	水溶性
赤りん P	**赤褐**色または**紫**色の粉末	**2.1** ～ **2.3**	✕
硫黄 S	**黄**色の固体	**1.8** ～ **2.1**	✕

✕：水に溶けない

硫黄は、「斜方硫黄・単斜硫黄・ゴム状硫黄」の同素体が存在しており、斜方硫黄は黄色、単斜硫黄は淡黄色、ゴム状硫黄は褐色です。

同素体と似た言葉の同位体とは何ですか？

性質が異なるものが**同素体**、中性子の数が異なるものが**同位体**です。赤りんと黄りんは**同素体**で性質が異なるため、第2類と第3類に分類されています。

なるほど。わかりました！

▶赤りん・硫黄の詳しい特性をチェック！

赤りん・硫黄の特性として、どちらも爆発の危険性があります。

表で覚える 赤りん・硫黄の各種特性

物品名	特性
赤りん	①水、二硫化炭素、有機溶剤に**溶けない** ②**無臭**で毒性はほとんどない ③約 **400**℃で昇華する ④ **260**℃で発火し、十酸化四りん（五酸化二りん）になる ⑤黄りんの**同素体**である（黄りんに比べて安定） ⑥粉じん爆発することがある。純粋なものは空気中で自然発火しない ⑦マッチ箱の側薬や医療品などの原料である
硫黄	①水に**溶けない**が、二硫化炭素に**溶ける** ②**エタノール**、**ジエチルエーテル**、**ベンゼン**にわずかに溶ける ③約 **360**℃で発火し、燃焼すると有毒な**二酸化硫黄**（**亜硫酸ガス**）を発生する ④燃焼の際は**青**色の炎をあげる ⑤電気の不良導体で、摩擦で静電気を発生しやすい ⑥粉じん爆発することがある ⑦黒色火薬、硫酸の原料である

赤りんは水などに溶けないのですね。貯蔵方法も教えてください。

はい。下の表にまとめたので見てください。消火方法は共通しています。

表で覚える 赤りん・硫黄の貯蔵・取扱および消火方法

	物品名	内容
貯蔵・取扱方法	赤りん	①**酸化剤**との混合を避ける ②**火気**を避ける ③容器は**密栓**し、**冷暗所**に貯蔵する
	硫黄	①塊（かい）状硫黄は、**麻袋**や**わら袋**で貯蔵できる ②粉末の硫黄は、2層以上の**クラフト紙袋**や内袋付きの**麻袋**で貯蔵 ③静電気対策をする
消火方法	赤りん	①大量の水で**冷却**消火する
	硫黄	①大量の水で**冷却**消火する ②融点が低く燃焼時に流動する恐れがあるため、**土砂**などで防ぐ

練習問題解説

(1)赤りんは水、二硫化炭素、有機溶剤に「溶けない」ので誤りです。同素体である黄りんと比較した問題も出されるため、黄りんの特性も把握しましょう（112～113ページ参照）。

正解 (1)

2-3 鉄粉・金属粉・マグネシウム

鉄粉・金属粉・マグネシウムの詳しい特性や取扱方法について解説します。耳にしたことがある物品で覚えやすいです。

本テーマはこんな問題が出題されます

練習問題

マグネシウムの性状について、次のうち誤っているものはどれか。

(1) 水に溶けない。
(2) 酸、アルカリに溶けて水素を発生する。
(3) 製造直後は、酸化被膜が形成されていないので発火しやすい。
(4) 空気中の水分と反応して自然発火する恐れがある。
(5) 湿った空気中では酸化されて光沢を失う。

▶ 鉄粉・金属粉・マグネシウムとは？

第２類危険物に定められている**鉄粉**は、「目開きが **53** μ（マイクロ）m の網ふるいを **50**%以上通過する鉄の粉」です。通過率が **50**%未満の場合は、危険物から除外されます。

鉄粉も危険物に定められているのですね。

はい。次に**金属粉**とは、**アルカリ**金属、**アルカリ土類**金属、鉄およびマグネシウム以外の金属の粉のことです。第２類危険物に定められている金属粉は、「目開きが **150** μm の網ふるいを **50**%以上通過する粉」です。通過率が **50**%未満の場合は、危険物から除外されます。

鉄粉と比べると網ふるいの目開きが大きいのですね。

はい。そして**マグネシウム**は、鉄粉や金属粉のように名称に「粉」とついていませんが「目開きが **2**mm の網ふるいを通過しない塊状のもの、および直径が **2**mm 以上の棒状のものは危険物から除く」とされており、対象外もあるので注意してください。

なぜ大きさで危険物に定められるものとそうでないものがあるのですか？

物質は、細かいものほど空気などと接する**表面積**が大きくなります。これにより、火災や粉じん爆発の危険性が変わるため、大きさによって規定されているのです。

なるほど。形状などにはどんな違いがありますか？

次ページに表でまとめたので確認しましょう。

表で覚える 鉄粉・金属粉・マグネシウムの基本性状

品目・物品名		形状	比重	水溶性
鉄粉 Fe		**灰白**(かいはく)色の金属結晶	**7.9**	×
金属粉	アルミニウム粉 Al	**銀白**色の軽金属粉	**2.7**	×
	亜鉛粉 Zn	**灰白**色または**灰青**(かいせい)色の重金属粉	**7.1**	×
マグネシウム Mg		**銀白**色の金属結晶	**1.7**	×

×：水に溶けない

形状、水への溶解性を見比べると、いずれも似たような性状だとわかると思います。

軽金属とは何ですか？

軽金属は、比重が **4** 以下（または **5** 以下）の金属のことをいいます。たとえば、アルミニウム、マグネシウム、チタンなどがあります。

比重の違いなのですね、よくわかりました。

▶ 鉄粉・金属粉・マグネシウムの詳しい特性をチェック！

ここからは、鉄粉・金属粉・マグネシウムの詳しい特性について説明していきます。自然発火するものもあるので、よく確認しましょう。まずは鉄粉からです。

表で覚える 鉄粉の各種特性

品目・物品名	特性
鉄粉	①水、アルカリに**溶けない** ②酸に溶けて**水素**を発生する ③堆積物は、水分や湿気によって**酸化**し、熱が蓄積して**自然発火**する恐れがある ④油の染みついた切削屑(せっさくくず)などは、**自然発火**する恐れがある ⑤加熱したものに注水すると、**水素**を発生して爆発する恐れがある ⑥微粉状のものは、**粉じん爆発**する恐れがある ⑦酸素と結合して、**酸化鉄**になる（還元剤として働く） ⑧酸化鉄は**黒**色または**赤褐**色である

鉄の粉なので、水に溶けないのはイメージできますね。

はい。同様に**アルコール**にも溶けません。ただ、**酸**には溶けることも覚えておきましょう。

酸化鉄というのは、どんなものですか？

いわゆる鉄が錆びた状態のことです。日常的にも見られやすい腐食現象の1つです。

なるほど。

では続けて、金属粉とマグネシウムの詳しい特性を見ていきましょう。

表で覚える 金属粉・マグネシウムの各種特性

品目・物品名		特性
金属粉	アルミニウム粉	①水に**溶けない**が、熱水と反応して**水素**を発生する ②酸、アルカリに反応して**水素**を発生する（両性元素） ③金属酸化物と混合して燃焼させると、金属酸化物を**還元**する（**テルミット反応**） ④空気中で燃焼すると、**白色炎**を発して酸化アルミニウムを生じる
	亜鉛粉	①水に**溶けない**が、常温でも空気中の水分と反応して**水素**を発生する ②酸、アルカリに溶けて**水素**を発生する（両性元素） ③硫黄と混合して加熱すると、**硫化亜鉛**を生じる ④水を含んだハロゲン元素と接触すると**自然発火**する ⑤わずかな水や空気中の水分によって**自然発火**する恐れがある
マグネシウム		①水に**溶けない** ②熱水や希薄な酸と反応して**水素**を発生する ③常温の乾燥した空気中では、表面に薄い酸化被膜（不動態被膜）が生じて酸化は進行しない ④湿った空気中では**酸化**されて光沢を失う ⑤高温ではヨウ素、臭素、硫黄、炭素などと反応する ⑥メタノールと反応し、ジメトキシマグネシウムを生成する ⑦空気中の水分と反応して**自然発火**する恐れがある ⑧燃焼すると**白光**を放って高温で燃え、酸化マグネシウムを生じる

酸やアルカリとの反応について、違いを理解しておきましょう。
また、ハロゲン元素とは、フッ素、塩素、臭素、ヨウ素など、周期表の17族に属している元素です

アルミニウム粉と亜鉛粉の特性にある両性元素とは何ですか？

両性元素とは、酸とアルカリのどちらとも反応する元素のことです。酸としか反応しない、あるいはアルカリとしか反応しない元素は両性元素とはいいません。

マグネシウムは、表面に薄い酸化被膜（不動態被膜）が生じて酸化は進行しないとあるので、ほかの危険物と比べて取扱いやすいのでしょうか？

いいえ。製造直後のマグネシウムは、酸化被膜が形成されていないので**発火**しやすく危険です。酸化をしないわけではないので、取扱う際には注意が必要です。それぞれの貯蔵方法などを確認しておきましょう。

表で覚える 鉄粉・金属粉・マグネシウムの貯蔵・取扱および消火方法

	物品名	内容
貯蔵・取扱方法	鉄粉	①**酸**との接触を避ける ②**火気**、**加熱**を避ける ③容器は**密封**して**湿気**を避けて貯蔵する
	金属粉	①**酸化剤**との混合を避ける ②**水分**、**ハロゲン元素**との接触を避ける ③**火気**を避ける ④容器は**密栓**して**湿気**を避けて貯蔵する
	マグネシウム	①**酸化剤**との混合を避ける ②**水分**との接触を避ける ③**火気**を避ける ④容器は**密栓**して**湿気**を避けて貯蔵する
消火方法	鉄粉	①乾燥砂などで**窒息**消火する ②**水系の**消火剤（水・泡・強化液）は使用を避ける
	金属粉	①乾燥砂などで**窒息**消火する ②**ソーダ灰**や**金属火災用粉末**消火剤も使用できる ③**水系の**消火剤（水・泡・強化液）、ハロゲン化物消火剤、二酸化炭素消火剤は使用してはいけない
	マグネシウム	①乾燥砂などで**窒息**消火する ②**金属火災用粉末**消火剤も使用できる ③**水系の**消火剤（水・泡・強化液）、ハロゲン化物消火剤、二酸化炭素消火剤は使用してはいけない

練習問題解説

(2)マグネシウムは、熱水や希薄な酸と反応して水素を発生しますが、アルカリとは「反応しない」ので誤りです。金属粉であるアルミニウム粉や亜鉛粉は、両性元素で、酸とアルカリのいずれにも溶けて水素を発生します。

正解 (2)

2-4

引火性固体

引火性固体の詳しい特性や取扱方法について解説します。いずれも身の回りにあるようなものです。

本テーマはこんな問題が出題されます

練習問題

引火性固体の性状について、次のうち誤っているものはどれか。

(1) 固形アルコールは、メタノールやエタノールを凝固剤で固めたものである。
(2) ゴムのりは、生ゴムをベンジン、ベンゼンなどの石油系溶剤に溶かしてのり状にしたものである。
(3) ラッカーパテは、トルエン、酢酸ブチル、ブタノールなどから作られた下地修正塗料である。
(4) 固形アルコールは、乳白色のゲル状である。
(5) すべて比重は1より大きい。

▶ 引火性固体とは？

引火性固体とは「固形アルコールその他1気圧において引火点が**40**℃未満のもの」のことで、常温で可燃性蒸気を発生するため、常温でも引火する危険性が高いです。

たしか第4類危険物が引火性液体ですよね。

その通りです。どちらも引火性で、液体か固体かの違いです。

表で覚える 引火性固体の分類

物品名	形状	比重
固形アルコール	**乳白**色のゲル状	**0.8**
ゴムのり	**のり状**の固体	加える溶剤により異なる
ラッカーパテ	**ゲル状**の固体	**1.4**

ゴムのりとラッカーパテの色は何色なのですか？

ゴムのりは加える溶剤によって、ラッカーパテは種類によって、色が異なります。色は覚えなくても大丈夫ですので、形状を覚えておいてください。

わかりました！　では、ゴムのりの比重も「加える溶剤により異なる」ことを覚えておきます。

▶引火性固体の詳しい特性をチェック！

次に、各種特性や消火方法などを確認しましょう。

どれも大事そうですね。しっかりと覚えます！

表で覚える 引火性固体の各種特性

物品名	特性
固形アルコール	①**メタノール**や**エタノール**を凝固剤で固めたもの ②**アルコール臭**がする ③ **40**℃未満で可燃性蒸気を発生するため**引火**しやすい ④**密閉**しないとアルコールが蒸発する
ゴムのり	①生ゴムを**ベンジン**、**ベンゼン**などの石油系溶剤に溶かしたのり状のもの ②水に**溶けない** ③粘着性、凝集力が強い ④揮発性（きはつせい）があり、蒸気は**引火**する ⑤**吸入**すると頭痛、めまい、貧血などを起こす恐れがある
ラッカーパテ	①**トルエン**、**酢酸ブチル**、**ブタノール**などから作られた下地修正塗料 ②蒸気は**有機溶剤**であり、滞留していると爆発する恐れがある ③吸入すると**有機溶剤**中毒を起こす恐れがある

表で覚える 固形アルコール・ゴムのり・ラッカーパテの貯蔵・取扱および消火方法

	物品名	内容
貯蔵・取扱方法	固形アルコール	①**火気**、**酸化剤**を避ける ②容器は**密閉**して、換気のよい**冷暗所**で貯蔵する
	ゴムのり	①**火気**、**酸化剤**、**衝撃**、**直射日光**を避ける ②容器は**密栓**して、換気のよい**冷暗所**で貯蔵する
	ラッカーパテ	①**火気**、**加熱**、**酸化剤**を避ける ②**蒸気**を滞留させない ③容器は**密封**して、換気のよい**冷暗所**で貯蔵する
消火方法	固形アルコール	①**泡**消火剤、**二酸化炭素**消火剤、**ハロゲン化物**消火剤、**粉末**消火剤などによって消火する
	ゴムのり	
	ラッカーパテ	

練習問題解説

(5)ラッカーパテは比重が1より大きいですが、固形アルコールは比重が0.8で1より小さいので誤りです。また、ゴムのりは、加える溶剤によって比重が異なるので注意してください。

正解　(5)

第２類危険物の各種特性

要点をチェック！　まとめ②

第２類危険物の各物質の特性についてのまとめです。特徴を比較しながら覚えていきましょう。

表で覚える 硫化りん・赤りん・硫黄の特性　2-1 ～ 2-2

物品名 (形状 / 比重 / 水溶性)	ポイント
硫化りん：いずれも燃焼すると有毒な二酸化硫黄ガス（亜硫酸ガス）を発生	
三硫化りん　P_4S_3 黄色または淡黄色の結晶 2.0 ✕	①二硫化炭素、ベンゼン、トルエンに溶ける ②ほかの硫化りんと比較すると化学的に安定している ③熱水によって加水分解して可燃性で有毒な硫化水素(H_2S)を発生する ④約 100℃で発火の危険性がある
五硫化りん　P_2S_5 淡黄色の結晶 2.1 ＊	①二硫化炭素に溶ける ②特異臭がある ③水によって徐々に加水分解して可燃性で有毒な硫化水素(H_2S)を発生する
七硫化りん　P_4S_7 淡黄色の結晶 2.2 ＊	①二硫化炭素にわずかに溶ける ②水では徐々に、熱水では速やかに加水分解して可燃性で有毒な硫化水素（H_2S）を発生する ③ほかの硫化りんと比較すると、もっとも加水分解されやすい
赤りん・硫黄：どちらも粉じん爆発することがある	
赤りん　P 赤褐色または紫色の粉末 2.1～2.3 ✕	①水、二硫化炭素、有機溶剤に溶けず、無臭で毒性はほとんどない ②約 400℃で昇華、260℃で発火し、十酸化四りんになる ③黄りんの同素体である（黄りんに比べて安定） ④マッチ箱の側薬や医療品などの原料である
硫黄　S 黄色の固体 1.8～2.1 ✕	①水に溶けないが、二硫化炭素には溶け、エタノール、ジエチルエーテル、ベンゼンにわずかに溶ける ②約360℃で発火、燃焼すると有毒な二酸化硫黄(亜硫酸ガス)を発生し、燃焼の際は青色の炎をあげる ③電気の不良導体で、摩擦で静電気を発生しやすい ④黒色火薬、硫酸の原料である

＊：水で分解する　✕：水に溶けない

表で覚える 鉄粉・金属粉・マグネシウム・引火性固体の特性　2-3 ～ 2-4

物品名 (形状 / 比重 / 水溶性)	ポイント
鉄粉・金属粉・マグネシウム	
鉄粉　Fe **灰白**色の金属結晶 7.9 ✕	①水、アルカリに**溶けない**が、酸に溶けて**水素**を発生 ②堆積物や油の染みついた切削屑などは、**自然発火**する恐れがある ③加熱したものに注水すると**水素**を発生して爆発の恐れがあり、微粉状のものは**粉じん爆発**の恐れがある ④酸素と結合して、**黒**色または**赤褐**色の**酸化鉄**になる
金属粉 アルミニウム粉　Al **銀白**色の軽金属粉 2.7 ✕	①水に**溶けず**、酸、アルカリに溶けて**水素**を発生 ②金属酸化物と混合して燃焼させると、金属酸化物を**還元**する ③空気中で燃焼すると、**白色炎**を発し、酸化アルミニウムを生じる
金属粉 亜鉛粉　Zn **灰白**色または **灰青**色の重金属粉 7.1 ✕	①水に**溶けない**が、常温でも空気中の水分と反応して**水素**を発生。酸、アルカリに溶けて**水素**を発生 ②硫黄と混合して加熱すると、**硫化亜鉛**を生じる ③水を含んだハロゲン元素との接触や、わずかな水や空気中の水分によって**自然発火**する恐れがある
マグネシウム　Mg **銀白**色の金属結晶 1.7 ✕	①水に**溶けない**が、熱水や希薄な酸と反応して**水素**を発生 ②常温の乾燥した空気中では、表面に薄い酸化被膜（不動態被膜）が生じて**酸化**は進行しない。湿った空気中では**酸化**されて光沢を失う ③空気中の水分と反応して**自然発火**する恐れがある ④燃焼すると**白光**を放って高温で燃え、酸化マグネシウムを生じる
引火性固体	
固形アルコール **乳白**色のゲル状 0.8	①**メタノール**や**エタノール**を凝固剤で固めたもの ②**アルコール臭**がする ③ **40**℃未満で可燃性蒸気を発生するため**引火**しやすい ④**密閉**しないとアルコールが蒸発する
ゴムのり **のり状**の固体 加える溶剤により異なる	①生ゴムを**ベンジン**、**ベンゼン**などの石油系溶剤に溶かしてのり状にしたもの ②水に**溶けず**、粘着性、凝集力が強い ③揮発性があり、蒸気は**引火**する。また、**吸入**すると頭痛、めまい、貧血などを起こす恐れがある
ラッカーパテ **ゲル状**の固体 1.4	①**トルエン**、**酢酸ブチル**、**ブタノール**などから作られた下地修正塗料 ②蒸気は**有機溶剤**で、滞留していると爆発する恐れがある ③吸入すると**有機溶剤**中毒を起こす恐れがある

✕：水に溶けない

知識を定着！　復習問題

これまでに学んだ知識を、復習問題に取り組むことでしっかり定着させましょう。間違えた問題は解説を読んで復習し、正解するまで取り組んでください。しっかりと知識が定着したら、予想模擬試験にチャレンジしましょう！

問1 三硫化りんの性状について、次のうち誤っているものはどれか。

(1) ベンゼンに溶ける。
(2) 水によって加水分解して硫化水素を発生する。
(3) 淡黄色の結晶である。
(4) 燃焼すると、有毒なガスを発生する。
(5) 約100℃で発火の危険性がある。

問2 五硫化りんの性状について、次のうち誤っているものはどれか。

(1) 淡黄色の結晶である。
(2) 二硫化炭素に溶ける。
(3) 水によって徐々に加水分解して硫化水素を発生する。
(4) 燃焼すると、窒素を発生する。
(5) 特異臭がある。

問3 七硫化りんの性状について、次のうち誤っているものはどれか。

(1) 二硫化炭素に溶ける。
(2) 比重は1より大きい。
(3) 淡黄色の結晶である。
(4) 熱水により加水分解するが、水には加水分解しない。
(5) 燃焼すると、二酸化硫黄を発生する。

問4 硫黄の性状について、次のうち誤っているものはどれか。

(1) 燃焼の際は青色の炎をあげる。
(2) 水に溶けない。
(3) 電気の不良導体で、摩擦で静電気を発生しやすい。
(4) 黄色の固体である。
(5) 約160℃で発火し、燃焼すると有毒なガスを発生する。

問５ 鉄粉の性状について、次のうち誤っているものはどれか。

(1) 酸に溶けて酸素を発生する。
(2) 微粉状のものは、粉じん爆発する恐れがある。
(3) 灰白色の金属結晶である。
(4) 油の染みついた切削屑などは、自然発火する恐れがある。
(5) 堆積物は水分や湿気によって酸化し、熱が蓄積して自然発火する恐れがある。

問６ アルミニウム粉の性状について、次のうち誤っているものはどれか。

(1) 金属酸化物と混合して燃焼させると、金属酸化物を還元する。
(2) 比重は１より大きい。
(3) 酸には溶けるがアルカリには溶けない。
(4) 銀白色の軽金属粉である。
(5) 空気中で燃焼すると、白色炎を発して酸化アルミニウムを生じる。

問７ 亜鉛粉の性状について、次のうち誤っているものはどれか。

(1) 両性元素である。
(2) 灰青色の重金属粉である。
(3) 水を含んだ塩素と接触すると自然発火する。
(4) 常温では空気中の水分と反応しない。
(5) 空気中の水分によって自然発火する恐れがある。

問８ 固形アルコールの性状について、次のうち誤っているものはどれか。

(1) 比重は１より大きい。
(2) 40℃未満で可燃性蒸気を発生するため引火しやすい。
(3) 乳白色のゲル状固体である。
(4) 密閉しないとアルコールが蒸発する。
(5) メタノールやエタノールを凝固剤で固めたものである。

問９ ゴムのりの性状について、次のうち誤っているものはどれか。

(1) 水に溶ける。
(2) 生ゴムをベンジン、ベンゼンなどの石油系溶剤に溶かしてのり状にしたものである。
(3) のり状の固体である。
(4) 粘着性が強い。
(5) 揮発性があり、蒸気は引火する。

問 10 ラッカーパテの性状について、次のうち誤っているものはどれか。

(1) トルエン、酢酸ブチル、ブタノールなどから作られた下地修正塗料である。
(2) 蒸気は有機溶剤であり、滞留していると爆発する恐れがある。
(3) 比重は 1 より小さい。
(4) ゲル状の固体である。
(5) 蒸気を吸入すると有機溶剤中毒を起こす恐れがある。

解答 & 解説

問 1

三硫化りんは、水ではなく、熱水によって加水分解して硫化水素（H_2S）を発生します。硫化水素は、可燃性で有毒なので注意しましょう。(4)燃焼すると有毒なガスを発生しますが、これは二酸化硫黄（亜硫酸ガス）というガスです。また、硫化りんには、三硫化りん、五硫化りん、七硫化りんがあり、三硫化りんはほかの硫化りんと比較すると化学的に安定しています。

正解 (2)

問 2

五硫化りんは、燃焼すると、窒素ではなく有毒な二酸化硫黄（亜硫酸ガス）を発生するので誤りです。これは、三硫化りん、五硫化りん、七硫化りんすべてに該当します。また、貯蔵する際は、水分との接触を避けて容器は密栓し、通風、換気のよい冷暗所に貯蔵します。

正解 (4)

問 3

七硫化りんは、熱水だけでなく、水にも加水分解するので誤りです。水は徐々に、熱水は速やかに加水分解して可燃性で有毒な硫化水素を発生します。三硫化りん、五硫化りん、七硫化りんの加水分解についてまとめると、三硫化りんは熱水、五硫化りんは水、七硫化りんは水と熱水によって加水分解して、可燃性で有毒な硫化水素を発生します。

正解 (4)

問 4

硫黄は、約 160℃ではなく約 360℃で発火し、燃焼すると有毒なガスを発生するので誤りです。発生する有毒なガスとは、二酸化硫黄（亜硫酸ガス）です。また、硫黄は電気の不良導体で摩擦で静電気を発生しやすいので、貯蔵や取扱いの際には静電気対策をする必要があります。静電気による火花で発火する恐れがあるので注意しましょう。

正解 (5)

問5

鉄粉は、酸に溶けて酸素ではなく、**水素**を発生するので誤りです。発生する気体が水素なのか酸素なのか、間違えやすいので注意しましょう。また、微粉状のものは、粉じん爆発する恐れがあるので、貯蔵や取扱いの際には**換気**を十分に行い、粉じんの濃度を燃焼範囲の下限値未満にする、**静電気**の蓄積を防止するなどの対策が必要です。

正解 (1)

問6

アルミニウム粉は、酸だけでなくアルカリにも**溶ける**ので誤りです。このように酸とアルカリのどちらとも反応する元素のことを**両性元素**といいます。酸としか反応しない、あるいはアルカリとしか反応しない元素は両性元素とはいいません。(1)金属酸化物と混合して燃焼させると、金属酸化物を還元しますが、この反応を**テルミット反応**といいます。

正解 (3)

問7

亜鉛粉は、常温でも空気中の水分と反応して水素を発生するので誤りです。(1) 両性元素とありますが、**酸**と**アルカリ**のどちらとも反応する元素のことで、反応して水素を発生します。また、わずかな水や空気中の水分によって**自然発火**する恐れがあるので、貯蔵や取扱いの際には水分との接触を避ける必要があります。

正解 (4)

問8

固形アルコールは、比重が1より大きいのではなく**小さい**ので誤りです。第2類危険物の大部分は比重が1より大きいですが、固形アルコールは例外として比重が1より**小さい**です。このように共通特性の例外は、試験でよく問われるので特に注意しましょう。また、固形アルコールは、**メタノール**や**エタノール**を凝固剤で固めたものなので**アルコール臭**があります。

正解 (1)

問9

ゴムのりは水に溶けるのではなく、**水に溶けない**ので誤りです。ゴムのりの比重は、加える溶剤により異なります。また、揮発性があり、蒸気は引火し、吸入すると頭痛、めまい、貧血などを起こす恐れがあるので注意が必要です。容器は**密栓**して、換気のよい冷暗所で貯蔵しましょう。

正解 (1)

問10

ラッカーパテの比重は1より小さいのではなく、1より**大きい**ので誤りです。ラッカーパテは**蒸気**を滞留させず、容器は**密封**して、換気のよい冷暗所で貯蔵しましょう。燃焼した際は、**泡**消火剤、**二酸化炭素**消火剤、**ハロゲン化物**消火剤、**粉末**消火剤などによる消火が適しています。

正解 (3)

第2類危険物

1回目：　／　2回目：　／

一問一答・チャレンジ問題！

これまでに学んだ知識が身についているかを、一問一答形式の問題で確認しましょう。付属の赤シートを紙面に重ね、隠れた文字（赤字部分）を答えていってください。赤字部分は合格に必須な重要単語です。試験直前もこの一問一答でしっかり最終チェックをしていきましょう！

重要度：☆☆＞☆＞無印

□□ **1** ☆☆ 第２類危険物は、**可燃性固体**の集まりで、**酸化**されやすい。（1-1 参照）

□□ **2** ☆☆ 第２類危険物は、いずれも比較的低温で**着火**しやすく、燃焼速度が**速い**。（1-1 参照）

□□ **3** ☆ 第２類危険物は、いずれも酸化剤と接触または混合すると、打撃などにより**爆発**する恐れがある。（1-1 参照）

□□ **4** ☆ 第２類危険物は、大部分は比重が１より**大き**く、水に**溶けない**。（1-1 参照）

□□ **5** ☆ 硫化りんには、**三**硫化りん、**五**硫化りん、**七**硫化りんが分類される。（1-2 参照）

□□ **6** ☆ 金属粉には、**アルミニウム**粉、**亜鉛**粉が分類される。（1-2 参照）

□□ **7** ☆ 引火性固体には、**固形アルコール**、ゴムのり、ラッカーパテが分類される。（1-2 参照）

□□ **8** ☆ 第２類危険物は、**酸化剤**との接触や混合を避け、炎、**火花**、高温体との接触を避ける。（1-2 参照）

□□ **9** ☆ 鉄粉・アルミニウム粉・亜鉛粉・マグネシウム粉は、**水**または酸との接触を避ける。（1-2 参照）

□□ **10** 引火性固体はみだりに可燃性蒸気を発生させないように**密封**する。（1-2 参照）

□□ **11** 第２類危険物は、作業の際に、**防護服**を着用して吸引や皮膚への飛沫の付着を避ける。（1-2 参照）

□□ **12** 　粉じん爆発の恐れがある場合、火気を避けて**静電気**の蓄積を防止する。(1-2 参照)

□□ **13** ☆ 水と接触すると発火または有毒ガスや可燃性ガスを発生する物質は、**乾燥砂**などで窒息消火する。(1-2 参照)

□□ **14** ☆☆ 赤りん、硫黄などは、**乾燥砂**などによる窒息消火に加えて、**水系の消火剤（水・泡・強化液）**による冷却消火も有効である。(1-2 参照)

□□ **15** 　引火性固体は、泡・粉末・二酸化炭素・**ハロゲン化物**などにより窒息消火する。(1-2 参照)

□□ **16** ☆ 三硫化りんは、**黄**色または**淡黄**色の結晶で、水に**溶けない**。(2-1 参照)

□□ **17** ☆☆ 三硫化りんは、**熱水**によって加水分解して可燃性で有毒な**硫化水素（H_2S）**を発生する。(2-1 参照)

□□ **18** ☆ 三硫化りんは、約 **100**℃で発火の危険性がある。(2-1 参照)

□□ **19** ☆☆ 三硫化りんは、燃焼すると、有毒な**二酸化硫黄（亜硫酸ガス）**を発生する。(2-1 参照)

□□ **20** ☆ 五硫化りんは、**淡黄**色の結晶で、比重は 1 より大きい。(2-1 参照)

□□ **21** ☆ 五硫化りんは、**水**によって徐々に加水分解して可燃性で有毒な**硫化水素（H_2S）**を発生する。(2-1 参照)

□□ **22** 　五硫化りんは、燃焼すると、有毒な**二酸化硫黄（亜硫酸ガス）**を発生する。(2-1 参照)

自信をもって正解できなかった問題、
間違えた問題は、テキストに戻って
内容を確認しましょう

□□ **23** 　七硫化りんは、**淡黄**色の結晶で比重は 1 より大きい。 (2-1 参照)

□□ **24** ☆ 七硫化りんは、**水**では徐々に、**熱水**では速やかに加水分解して可燃性で有毒な**硫化水素（H_2S）**を発生する。 (2-1 参照)

□□ **25** 　七硫化りんは、燃焼すると、有毒な**二酸化硫黄（亜硫酸ガス）**を発生する。 (2-1 参照)

□□ **26** ☆☆ 赤りんは、**赤褐**色または**紫**色の粉末で、水に溶けない。 (2-2 参照)

□□ **27** ☆☆ 赤りんは、無臭で毒性が**ほとんどない**。 (2-2 参照)

□□ **28** ☆☆ 赤りんは、260℃で発火して**十酸化四りん**になる。 (2-2 参照)

□□ **29** ☆ 赤りんは、**マッチ箱の側薬**や医療品などの原料である。 (2-2 参照)

□□ **30** ☆☆ 硫黄は、**黄**色の固体で、水に溶けない。 (2-2 参照)

□□ **31** ☆☆ 硫黄は、約 360℃で発火し、燃焼すると有毒な**二酸化硫黄（亜硫酸ガス）**を発生する。 (2-2 参照)

□□ **32** ☆ 硫黄は、燃焼の際は**青**色の炎をあげる。 (2-2 参照)

□□ **33** ☆☆ 硫黄は、電気の不良導体で、摩擦で**静電気**を発生しやすく、**黒色火薬**や硫酸の原料である。 (2-2 参照)

□□ **34** ☆ 鉄粉は、**灰白**色の金属結晶で、水に溶けない。 (2-3 参照)

□□ **35** ☆ 鉄粉は、**アルカリ**に溶けないが、**酸**に溶けて水素を発生する。 (2-3 参照)

□□ **36** ☆ 鉄粉は、加熱したものに**注水**すると、水素を発生して爆発する恐れがある。 (2-3 参照)

□□ **37** 　鉄粉は、酸素と結合して、**酸化鉄**になる。**酸化鉄**は黒色または赤褐色である。 (2-3 参照)

□□ **38** 　アルミニウム粉は、**銀白**色の軽金属粉で、水に溶けない。 (2-3 参照)

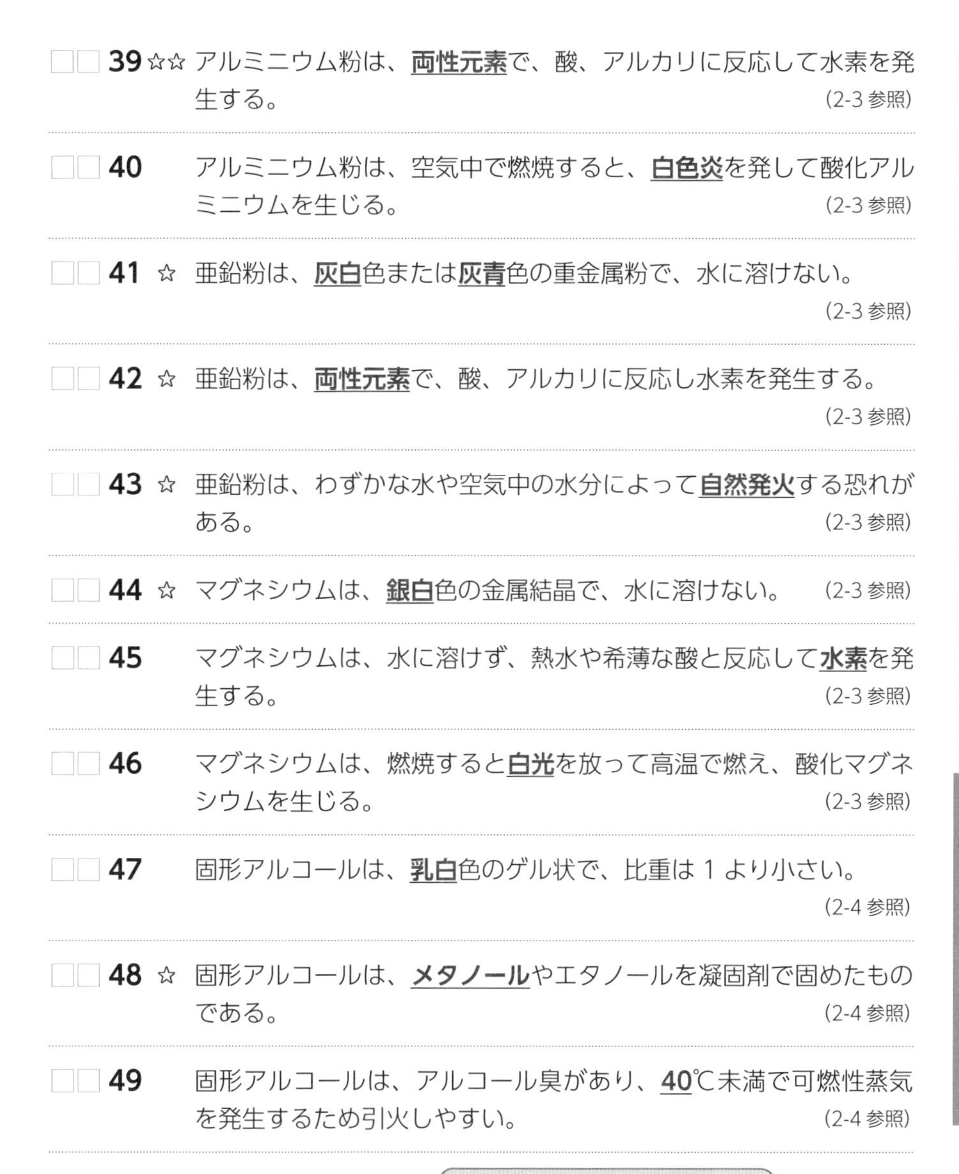

□□ **39** ☆☆ アルミニウム粉は、**両性元素**で、酸、アルカリに反応して水素を発生する。（2-3 参照）

□□ **40** アルミニウム粉は、空気中で燃焼すると、**白色炎**を発して酸化アルミニウムを生じる。（2-3 参照）

□□ **41** ☆ 亜鉛粉は、**灰白**色または**灰青**色の重金属粉で、水に溶けない。（2-3 参照）

□□ **42** ☆ 亜鉛粉は、**両性元素**で、酸、アルカリに反応し水素を発生する。（2-3 参照）

□□ **43** ☆ 亜鉛粉は、わずかな水や空気中の水分によって**自然発火**する恐れがある。（2-3 参照）

□□ **44** ☆ マグネシウムは、**銀白**色の金属結晶で、水に溶けない。（2-3 参照）

□□ **45** マグネシウムは、水に溶けず、熱水や希薄な酸と反応して**水素**を発生する。（2-3 参照）

□□ **46** マグネシウムは、燃焼すると**白光**を放って高温で燃え、酸化マグネシウムを生じる。（2-3 参照）

□□ **47** 固形アルコールは、**乳白**色のゲル状で、比重は 1 より小さい。（2-4 参照）

□□ **48** ☆ 固形アルコールは、**メタノール**やエタノールを凝固剤で固めたものである。（2-4 参照）

□□ **49** 固形アルコールは、アルコール臭があり、**40**℃未満で可燃性蒸気を発生するため引火しやすい。（2-4 参照）

水に溶けるのか、溶けないのか、
比重が 1 より大きいのか、小さいのか、
などを 1 つひとつ確認しながら
覚えていきましょう

□□ **50**　ゴムのりは、**のり**状の固体で、水に溶けない。(2-4 参照)

□□ **51** ☆　ゴムのりは、生ゴムを**ベンジン**、**ベンゼン**などの石油系溶剤に溶かしてのり状にしたものである。(2-4 参照)

□□ **52**　ゴムのりは、揮発性があり、蒸気は**引火**する。また、**吸入**すると頭痛、めまい、貧血などを起こす恐れがある。(2-4 参照)

□□ **53**　ラッカーパテは、**ゲル**状の固体で、比重は 1 より大きい。(2-4 参照)

□□ **54** ☆　ラッカーパテは、下地修正塗料で、**トルエン**、酢酸ブチル、ブタノールなどから作られる。(2-4 参照)

□□ **55**　ラッカーパテは、蒸気は有機溶剤であり、滞留していると**爆発**する恐れがある。また、吸入すると**有機溶剤**中毒を起こす恐れがある。(2-4 参照)

第 2 類の学習、お疲れさまでした。
練習問題、復習問題、一問一答にチャレンジしたら、巻末の予想模擬試験にもトライして知識の定着度合いを確認しましょう！

第4章

第３類危険物

第３類危険物の性質、貯蔵・取扱・消火方法について解説していきます。第３類危険物は、自然発火性物質および禁水性物質の集まりです。大部分は「自然発火性と禁水性の両方」を有しますが、「自然発火性のみ」または「禁水性のみ」を有する物質もあるので、注意しましょう。

Contents

1-1

第３類危険物の共通特性

まずは第３類危険物の共通特性について学んでいきましょう。
どの物品も非常に危険性が高いので注意が必要です。

本テーマはこんな問題が出題されます

練習問題

第３類危険物の性状について、次のうち誤っているものはどれか。

(1)　大部分が自然発火性を有している。
(2)　すべて禁水性を有している。
(3)　不燃性の物質もある。
(4)　金属または金属を含む化合物が多い。
(5)　常温（20℃）で固体または液体である。

▶ 第３類危険物とは？

第３類危険物は、**自然発火性物質**および**禁水性物質**の集まりです。

自然発火性物質と禁水性物質とは何ですか？

自然発火性物質とは、空気中で発火する危険性のある物質のことです。一方の**禁水性物質**とは、水と接触すると発火、もしくは可燃性ガスを発生する物質で、どちらも非常に危険性が高いです。

図で覚える 第３類危険物の特徴

表で覚える 第３類危険物の性質による違い

性質	対象物質
自然発火性のみ	**黄りん**
禁水性のみ	**リチウム**
自然発火性および禁水性	その他の第３類危険物

第３類危険物の大部分は、自然発火性と禁水性どちらの性質ももっていますが、自然発火性のみ、または禁水性のみをもつ物質もあるので注意してください

▶第3類危険物の共通特性をチェック！

ほかにも第３類危険物に共通する特性はありますか？

あります。たとえば**可燃**性であることですが、まずは、大部分に共通する特性を覚えて第３類危険物の全体像をイメージしてください。

表で覚える **第３類危険物の大部分に共通する特性**

範囲	特性
大部分	・**可燃**性である （りん化カルシウム、炭化カルシウム、炭化アルミニウムのみ**不燃**性） ・**自然発火**性と**禁水**性の両方の性質を有する （黄りん→**自然発火**性のみ / リチウム→**禁水**性のみ） ・**金属**または金属を含む**化合物**である（黄りんは非金属）

ほかの類とは違って「すべて」に共通する特性がないのですね。試験によく出る内容は、どんなものがありますか？

黄りんとリチウムは特に問われやすいです。上の表にある特性について、該当する物質は本章の 2-1 以降で解説します。

第３類危険物は、固体ですか？　液体ですか？

第３類危険物は「自然発火性物質および禁水性物質」の集まりで、名称に固体と液体の表記がないですよね。 このように、名称に形状に関する表記がない場合、常温（20℃）で固体と液体のどちらも存在すると覚えておきましょう。

第３類危険物は、固体と液体のどちらも存在するのですね。ほかにも固体と液体のどちらも存在する類があるのですか？

あります。第５章で学ぶ第５類危険物は「自己反応性物質」の集まりで、同様に固体と液体のどちらも存在します。

練習問題解説

(2)第３類危険物の大部分は、自然発火性と禁水性どちらの性質ももっていますが、「自然発火性のみ」「禁水性のみ」をもつ物質もあるので誤りです。黄りんが自然発火性のみ、リチウムが禁水性のみをもっています。

正解 (2)

1-2 第3類危険物の分類と貯蔵・消火方法

第３類危険物の分類と貯蔵・消火方法について解説します。例外が１つだけありますので確認してください。

本テーマはこんな問題が出題されます

練習問題

第３類危険物の消火方法について、水系の消火剤（水・泡・強化液）を使用できる物品は、次のうちどれか。

(1) ナトリウム
(2) ノルマルブチルリチウム
(3) ジエチル亜鉛
(4) 黄りん
(5) 炭化アルミニウム

▶ 第３類危険物の分類などをチェック！

まずは、第３類危険物を表にまとめたので見てください。

表で覚える 第３類危険物の品目・物品名・消火方法

<table>
<tr><th>品目</th><th>物品名</th><th>消火方法</th></tr>
<tr><td>カリウム</td><td>カリウム</td><td rowspan="4">乾燥砂</td></tr>
<tr><td>ナトリウム</td><td>ナトリウム</td></tr>
<tr><td>アルキルアルミニウム</td><td>トリエチルアルミニウム</td></tr>
<tr><td>アルキルリチウム</td><td>ノルマルブチルリチウム</td></tr>
<tr><td>黄りん</td><td>黄りん</td><td>噴霧注水</td></tr>
<tr><td>アルカリ金属および
アルカリ土類金属</td><td>リチウム、カルシウム、
バリウム、マグネシウム</td><td rowspan="6">乾燥砂</td></tr>
<tr><td>有機金属化合物</td><td>ジエチル亜鉛</td></tr>
<tr><td>金属の水素化物</td><td>水素化ナトリウム、水素化リチウム</td></tr>
<tr><td>金属のりん化物</td><td>りん化カルシウム</td></tr>
<tr><td>カルシウムまたは
アルミニウムの炭化物</td><td>炭化カルシウム、炭化アルミニウム</td></tr>
<tr><td>その他のもので
政令で定めるもの</td><td>トリクロロシラン</td></tr>
</table>

品目と物品名のどちらも問われる可能性があるため覚えておきましょう

黄りんのみ、**噴霧注水**で消火するんですね。

そうですね。ほかはすべて**乾燥砂**を使用します。第３類危険物の貯蔵・取扱方法、そして消火方法をまとめたので見てみましょう。共通の方法、共通していない方法を間違えないように注意してください。貯蔵・取扱方法を守らなければ火災の恐れがあり、とても危険です。

表で覚える 第３類危険物の貯蔵・取扱方法

	貯蔵・取扱方法
①	自然発火性物質は、**空気**、**炎**、**火花**、**高温体**との接触、**加熱**を避ける
②	禁水性物質は、**水**との接触を避ける
③	容器は**密封**し、換気のよい**冷暗所**で貯蔵する
④	容器の**破損**や**腐食**に注意する
⑤	保護液に**保存**するものは、保護液から露出しないように注意する
⑥	水中で貯蔵する物品（黄りんなど）と禁水性物品は**同一の貯蔵所**で貯蔵しない

表で覚える 第３類危険物の消火方法

	消火方法
①	乾燥砂、膨張ひる石、膨張真珠岩などで**窒息**消火する
②	禁水性物質は、炭酸水素塩類の**粉末**消火剤も使用できる（黄りんのみ使用不可）
③	**水系の**消火剤（**水・泡・強化液**）は使用できない（黄りんのみ使用可）

黄りんのみ**禁水**性ではないため消火方法が異なります。

乾燥砂、膨張ひる石、膨張真珠岩などの窒息消火は、すべての第３類危険物に有効なのですか？

有効です。火災が起きた際は、危険物の性質を理解して消火する必要があります。

わかりました。危険物の性質を考えながら覚えます。

練習問題解説

(4)第３類危険物は自然発火性物質および禁水性物質ですが、黄りんは自然発火性のみで禁水性は有していません。したがって、水系の消火剤を「使用できる」ため黄りんが正解です。

正解　(4)

要点をチェック！　まとめ①

第３類危険物の基礎知識を図表にまとめました。ここまでに学んできた内容を復習し、理解を深めましょう。

図で覚える　第３類危険物とは？　1-1

第3類危険物

自然発火性

禁水性

※例外あり

表で覚える　第３類危険物の性質　1-1

性質	対象物品
自然発火性のみ	**黄りん**
禁水性のみ	**リチウム**
自然発火性および禁水性	**その他の第３類危険物**

第３類危険物の大部分は、自然発火性と禁水性どちらの性質ももっています。ただし、黄りんは自然発火性のみ、リチウムは禁水性のみ、をもつので覚えておきましょう

表で覚える　第３類危険物の大部分に共通する特性　1-1

範囲	特性
大部分	・**可燃**性である （りん化カルシウム、炭化カルシウム、炭化アルミニウムのみ**不燃**性） ・**自然発火**性と**禁水**性の両方の性質を有する （黄りん→**自然発火**性のみ / リチウム→**禁水**性のみ） ・**金属**または金属を含む**化合物**である（黄りんは非金属）

特性はいろいろありますが、大部分に共通するもの、固有のもの、それぞれを覚えることでうまく整理ができます。危険物は実際に目にする機会があまりないため、想像しにくいですが、たとえば黄りんは「黄燐」とも書き、ここから「燃える＝自然発火」ということがイメージできます。このように物品名などからいろいろなイメージをもつと、記憶に定着させやすいです

表で覚える 第3類危険物の消火方法による分類 1-2

乾燥砂：水と接触すると発火または有毒ガスや可燃性ガスを発生する物質に有効
カリウム ナトリウム アルキルアルミニウム（トリエチルアルミニウム） アルキルリチウム（ノルマルブチルリチウム） アルカリ金属およびアルカリ土類金属（リチウム、カルシウム、バリウムなど） 有機金属化合物（ジエチル亜鉛） 金属の水素化物（水素化ナトリウム、水素化リチウム） 金属のりん化物（りん化カルシウム） カルシウムまたはアルミニウムの炭化物（炭化カルシウム、炭化アルミニウム） その他のもので政令で定めるもの（トリクロロシラン）
噴霧注水
黄りん

表で覚える 第3類危険物の貯蔵・取扱方法 1-2

	貯蔵・取扱方法
①	自然発火性物質は、空気、炎、火花、高温体との接触、加熱を避ける
②	禁水性物質は、水との接触を避ける
③	容器は密封し、換気のよい冷暗所で貯蔵する
④	容器の破損や腐食に注意する
⑤	保護液に保存するものは、保護液から露出しないように注意する
⑥	水中で貯蔵する物品（黄りん など）と禁水性物品は同一の貯蔵所で貯蔵しない

表で覚える 第3類危険物の具体的な消火方法 1-2

黄りん
①乾燥砂、膨張ひる石、膨張真珠岩などで窒息消火する ②水系の消火剤（水・泡・強化液）が使用できる
その他禁水性を有する物質
①乾燥砂、膨張ひる石、膨張真珠岩などで窒息消火する ②炭酸水素塩類の粉末消火剤も使用できる

言葉を覚えるだけでなく、インターネットで検索して、どんな物品なのかを見ておくと記憶に残しやすいです

第３類危険物の基礎知識

知識を定着！　復習問題

これまでに学んだ知識を、復習問題に取り組むことでしっかり定着させましょう。間違えた問題は解説を読んで復習し、正解するまで取り組んでください。しっかりと知識が定着したら、予想模擬試験にチャレンジしましょう！

問１ 第３類危険物の性状について、次のうち誤っているものはどれか。

(1) 常温（20℃）で固体または液体である。
(2) 大部分は自然発火性を有している。
(3) 大部分は禁水性を有している。
(4) 自然発火性の物品は、空気との接触を避ける必要がない。
(5) 水中で貯蔵するものがある。

問２ 第３類危険物に定められるものとして、次のうち誤っているものはどれか。

(1) 炭化カルシウム
(2) カリウム
(3) 赤りん
(4) 水素化ナトリウム
(5) ジエチル亜鉛

問３ 自然発火性物質ではないものは、次のうちどれか。

(1) アルキルアルミニウム
(2) トリクロロシラン
(3) リチウム
(4) 水素化ナトリウム
(5) 黄りん

問４ 第３類危険物の貯蔵・取扱方法について、次のうち誤っているものはどれか。

(1) 自然発火性物質は、空気との接触を避ける。
(2) 禁水性物質は、水との接触を避ける。
(3) 容器は密封する。
(4) 換気のよい冷暗所で貯蔵する。
(5) 第３類危険物同士であれば、同一の貯蔵所で貯蔵できる。

問5 第3類危険物の消火方法として、次のうち噴霧注水が適切なものはどれか。

(1) ナトリウム
(2) カリウム
(3) リチウム
(4) 黄りん
(5) 炭化アルミニウム

解答 & 解説

問1

自然発火性物質は、空気、炎、火花、高温体との接触、加熱を避ける必要があるので誤りです。自然発火性とは、空気中で発火する危険性のある性質のことです。また、禁水性とは、水と接触すると発火、もしくは可燃性ガスを発生する性質のことです。どちらも第3類危険物の大部分が有していますが、例外もあります。黄りんは自然発火性のみを有し、リチウムは禁水性のみを有します。　正解 (4)

問2

赤りんは、第3類危険物ではなく、第2類危険物に定められています。第2類危険物は、可燃性固体の集まりです。また、赤りんの同素体である黄りんは、第3類危険物に定められています。問題でよく比較されるので間違えないようにしましょう。黄りんは第3類危険物で唯一、禁水性を有しない物質で、出題頻度も高いです。　正解 (3)

問3

リチウムは禁水性を有しますが、自然発火性は有しません。第3類危険物の大部分は自然発火性と禁水性の両方を有していますが、リチウムは例外です。また、リチウムはハロゲンと激しく反応してハロゲン化物を生じます。水系の消火剤（水・泡・強化液）、ハロゲン化物消火剤は使用せず、乾燥砂などで窒息消火しましょう。　正解 (3)

問4

第3類危険物の大部分が禁水性ですが、黄りんは禁水性を有していません。そのため、水中で貯蔵します。ほかの第3類危険物は、水と激しく反応するため、水中で貯蔵する物品（黄りんなど）とは、同一の貯蔵所で貯蔵することができません。

正解 (5)

問5

黄りんは禁水性ではないため、噴霧注水によって消火することができます。ただし、高圧注水すると、危険物が飛散する恐れがあるので注意しましょう。また、ハロゲン化物消火剤は、反応して有毒ガスを発生するため使用してはいけません。ほかの第3類危険物は、乾燥砂などを使った窒息消火が有効です。　正解 (4)

2-1 カリウム・ナトリウム

まずはカリウムとナトリウムの詳しい特性について解説します。
どちらも耳なじみのある物品名です。

練習問題　本テーマはこんな問題が出題されます

ナトリウムの性状について、次のうち誤っているものはどれか。

(1)　紫色の炎を出して燃える。
(2)　水と激しく反応して水素を発生する。
(3)　アルコールに溶けて水素とアルコキシドを発生する。
(4)　反応性はカリウムよりやや低い。
(5)　銀白色の軟らかい金属である。

▶ カリウム・ナトリウムとは？

カリウムとナトリウムは**アルカリ**金属であり、非常に**酸化**されやすいだけでなく、水と激しく反応し、**発火**する危険物です。

カリウムとナトリウムは、ほとんど同じ性質ということでしょうか？

基本的な性質は似ていますが、ナトリウムよりもカリウムのほうが、反応性が**高い**といった違いがあります。ほかにも違う点はあるので、これから学んでいきましょう。

表で覚える **カリウム・ナトリウムの基本性状**

物品名	形状	比重	保存
カリウム K	**銀白**色の軟らかい金属 （固体）	**0.86**	灯油
ナトリウム Na	**銀白**色の軟らかい金属 （固体）	**0.97**	灯油

空気や水と接触すると危険なため、灯油などの保護液中で保存します

水溶性はどうなのでしょうか？

第３類危険物は、禁水性の物質が多く、水と接触すると激しく反応するため、ほかの類とは違って水溶性を記載していません。その代わりに保存方法を記載しましたので覚えておきましょう。

確かに、水に溶ける・溶けないの前に、水に反応してしまいますね。

▶カリウム・ナトリウムの詳しい特性をチェック！

次に、カリウムとナトリウムの詳しい特性を学んでいきましょう。

表で覚える カリウム・ナトリウムの各種特性

物品名	特性
カリウム	①アルコールに溶けて**水素**とアルコキシドを発生する ②空気中の水分と反応して**水素**を発生する ③**吸湿**性がある ④金属材料を**腐食**する ⑤**ハロゲン元素**と激しく反応する ⑥高温で**水素**と反応する ⑦イオン化傾向が**大きい** ⑧炎色（えんしょく）反応：**紫**色
ナトリウム	①アルコールに溶けて**水素**とアルコキシドを発生する ②空気中で速やかに**酸化**して金属光沢を失う ③水と激しく反応して**水素**を発生する ④イオン化傾向が**大きい** ⑤炎色反応：**黄**色 ＊そのほかはカリウムの③～⑥に準じる（反応性はカリウムよりやや低い）

アルコールに溶けたあとに発生するものなど、似た性質もありますね。貯蔵方法なども同じですか？

基本的には同じです（下表）。身近な物品だけあって、「皮膚に触れないように」という注意があります。

表で覚える カリウム・ナトリウムの貯蔵・取扱および消火方法

	内容
貯蔵・取扱方法	①保護液（**灯油**、流動パラフィンなど）の中に小分けにして保存する ②水分との接触を避けて**乾燥**した場所に貯蔵する ③貯蔵する建物の床面を地盤面より**高く**する（**湿気**を避ける） ④皮膚に触れないようにする
消火方法	①乾燥砂などで**窒息**消火する ②**水系の**消火剤（**水・泡・強化液**）、**ハロゲン化物**消火剤、二酸化炭素消火剤は使用してはいけない

練習問題解説

(1)ナトリウムは紫色ではなく、「黄色の炎」を出して燃えるため誤りです。カリウムとナトリウムは似た性質であるため、違いについてもよく理解しておきましょう。 正解 (1)

2-2 アルキルアルミニウム・アルキルリチウム

アルキルアルミニウムとアルキルリチウムの特性を学びます。
名前が似ているので取り違えないように注意しましょう。

練習問題　本テーマはこんな問題が出題されます

アルキルアルミニウムの性状について、次のうち誤っているものはどれか。

(1) 無色の固体または液体である。
(2) 空気に接触すると酸化されて自然発火する。
(3) 水に接触すると激しく反応して可燃性ガスを発生して発火する。
(4) アルキル基の炭素数、ハロゲン数が多いものほど空気や水との反応性が高い。
(5) ベンゼン、ヘキサンなどで希釈したものは、反応性が低減する。

▶ アルキルアルミニウム・アルキルリチウムとは？

アルキルアルミニウムは、アルミニウム原子にアルキル基が1つ以上結合した化合物の総称で、ハロゲン元素が結合しているものもあります。

アルキル基とは何ですか？

アルキル基は、メチル基（$-CH_3$）やエチル基（$-C_2H_5$）などのことです。また、アルキルリチウムとは、リチウム原子にアルキル基が結合した化合物の総称です。主なものにノルマルブチルリチウムがあります。

表で覚える アルキルアルミニウム・アルキルリチウムの基本性状

品目	形状	比重	保存
アルキルアルミニウム	無色の固体または液体	0.83～1.23	不活性ガス
アルキルリチウム	無色または黄褐色の液体（淡黄色～黄褐色に変化）	0.84	不活性ガス

アルキルアルミニウムは固体と液体どちらもあります

不活性ガスとは何ですか？

化学的に安定していて、ほかの元素あるいは化合物と容易に反応しないガスのことです。お菓子の袋は不活性ガスである窒素を入れて膨らませて、酸化を防いでいます。

わかりました。それぞれ、どんな特性があるのですか？

詳しい特性や貯蔵・取扱方法などを表にしました。反応するもの、溶けるものなど、さまざまな特性があります。

どちらもベンゼンなどで希釈したものは、反応性が低減するのですね。

表で覚える アルキルアルミニウム・アルキルリチウムの各種特性

品目	特性
アルキルアルミニウム	①空気に接触すると**酸化**されて**自然発火**する ②水に接触すると激しく反応して**可燃**性ガスを発生して発火する ③アルキル基の炭素数、ハロゲン数が多いものほど空気や水との反応性が**低い** ④約**200**℃でエタン、エチレン、アルミニウム、水素または塩化水素に分解する ⑤**ベンゼン**、ヘキサンなどで希釈したものは、反応性が低減する ⑥アルコール類、**ハロゲン化物**、アセトン、二酸化炭素と激しく反応する ⑦**腐食**性が強く、皮膚に触れると薬傷(やくしょう)を起こす
アルキルリチウム	①空気中では**白煙**をあげて発火する ②水、アルコール、酸、アミンなどと激しく反応して**ブタンガス**を発生する（ノルマルブチルリチウムのみ） ③ジエチルエーテル、**ベンゼン**、パラフィン系炭化水素に溶ける ④**引火**性がある ⑤**ベンゼン**、ヘキサンなどで希釈したものは、反応性が低減する ⑥**刺激臭**があり、皮膚に触れると薬傷を起こす

表で覚える アルキルアルミニウム・アルキルリチウムの貯蔵・取扱および消火方法

	内容
貯蔵・取扱方法	①窒素などの**不活性ガス**の中に貯蔵する ②容器に**安全弁**か**可溶栓**を取り付けて破損を防ぐ ③**耐圧**性を有する容器に貯蔵する ④**火気**、**高温**を避ける ⑤**空気**および**水**と接触させない
消火方法	①発火した場合、効果的な消火剤がなく消火が極めて困難である。初期の場合は、乾燥砂などで**窒息**消火する ②火勢が大きい場合は、乾燥砂、膨張ひる石、膨張真珠岩などで危険物の流出を防いで燃え尽きるまで監視する ③**水系の**消火剤（**水・泡・強化液**）、**ハロゲン化物**消火剤は使用不可

練習問題解説

(4)アルキル基の炭素数、ハロゲン数が多いものほど空気や水との反応性は「低い」です。特に炭素数が１～４のものは、空気に触れると自然発火するので非常に危険です。　正解 (4)

2-3

黄りん

黄りんの詳しい特性について解説します。赤りんとの比較もしてみましょう。

本テーマはこんな問題が出題されます

練習問題

黄りんの性状について、次のうち誤っているものはどれか。

(1) ベンゼン、二硫化炭素に溶ける。
(2) 燃焼すると十酸化四りんを生成する。
(3) 禁水性を有している。
(4) 空気中ではりん光を放つ。
(5) 白色または淡黄色のロウ状の固体である。

▶黄りんとは？

黄りんは、第２類危険物の赤りんの**同素体**です。また、第３類危険物の中で**禁水**性をもたず、**自然発火**性のみを有する物質です。水と反応しないため水（保護液）で保存します。

表で覚える **黄りんの基本性状**

物品名	形状	比重	保存
黄りん P	**白**色または**淡黄**色の ロウ状の固体	**1.8**〜**2.3**	水

黄りんは禁水性ではないため水（保護液）で保存します

赤りんは可燃性固体でしたね。赤りんとはほかに何が違うのですか？

黄りんは、赤りんよりも**不安定**で約**50**℃で自然発火します。また、毒性をもっているため、取扱う際は注意が必要です。

赤りんも危険ですが、黄りんのほうがより危険なのですね。

ちなみに空気を遮断して約**250**℃に加熱すると赤りんになります。

▶黄りんの詳しい特性をチェック！

ここからは、黄りんの詳しい特性について学んでいきましょう。臭いについての特性は覚えやすいです。

表で覚える 黄りんの各種特性

物品名	特性
黄りん	①水に**溶けない** ②**ベンゼン**、二硫化炭素に溶ける ③ニラに似た**不快臭**がある ④約 **50**℃で自然発火する ⑤空気中の暗所では青白～黄緑色の**りん光**を放つ ⑥燃焼すると**十酸化四りん（五酸化二りん）**を生成する ⑦**ハロゲン**と激しく反応する ⑧濃硝酸と反応して**リン酸**を生じる ⑨強アルカリ溶液と反応して**リン化水素（ホスフィン）**を発生する ⑩猛毒である

「ニラに似た」臭いというのは、覚えやすいです。貯蔵方法なども教えてください！

はい。表にまとめたので見てください。「保護液に貯蔵」がポイントです。

表で覚える 黄りんの貯蔵・取扱および消火方法

	内容
貯蔵・取扱方法	①空気に触れないように**水**の保護液に貯蔵する ②保護液から**露出**しないように注意する ③**火気**を避ける ④日光を避け、暗所で保存する ⑤毒性に注意する ⑥禁水性物質とは同一場所で貯蔵**できない** ⑦酸化剤、**ハロゲン**、硫黄、強アルカリと隔離する
消火方法	①**噴霧注水**または湿った砂で消火する ②**高圧注水**すると、危険物が飛散する恐れがある ③ハロゲン化物消火剤は、反応して**有毒ガス**を発生するため使用できない

黄りんは第３類危険物の中で例外的に**自然発火**性のみを有しており、**禁水**性をもっていません。そのため貯蔵・取扱方法、消火方法がほかの第３類危険物とは異なるので注意してください。

しっかりと覚えます！

練習問題解説

(3)黄りんは自然発火性のみを有し、「禁水性ではない」ため誤りです。また、同素体である赤りんとの違いもあわせて覚えておきましょう。

正解 (3)

2-4 アルカリ金属・アルカリ土類金属

アルカリ金属とアルカリ土類金属の詳しい特性を学んでいきます。3種類ありますが、いずれも特性が似ています。

本テーマはこんな問題が出題されます

練習問題

リチウムの性状について、次のうち誤っているものはどれか。

(1) 銀白色の金属結晶である。
(2) 深赤色の炎を出して燃える。
(3) 空気中で加熱すると燃焼して酸化リチウムを生じる。
(4) 水と接触すると酸素を発生する。
(5) ナトリウム、カリウムと比較すると反応性は弱い。

▶ アルカリ金属・アルカリ土類金属とは？

アルカリ金属とは、周期表の1族元素のうち、水素を除く**リチウム**、ナトリウム、カリウムなどのことです。ナトリウムとカリウムは単独で第3類危険物に定められており、108～109ページで学びましたね。

なるほど。ではアルカリ土類金属とは何ですか？

周期表の2族元素のことで**カルシウム**や**バリウム**が該当します。なお周期表とは、性質が似た元素が同列（族）になるように配列された表のことです。

表で覚える アルカリ金属・アルカリ土類金属の分類

品目	物品名	形状	比重	保存
アルカリ金属	リチウム Li	**銀白**色の金属結晶	**0.5**	密栓
アルカリ土類金属	カルシウム Ca	**銀白**色の金属結晶	**1.6**	密栓
	バリウム Ba	**銀白**色の金属結晶	**3.6**	密栓

アルカリ金属とアルカリ土類金属は形状が同じですね。

特性も似ているところがありますよ。次ページの上表を見てください。

いろいろありますね。覚えるのが大変そう……。

表で覚える **アルカリ金属・アルカリ土類金属の各種特性**

品目	物品名	特性
アルカリ金属	リチウム	①空気中で加熱すると燃焼して**酸化リチウム**を生じる ②水と接触すると**水素**を発生する ③**ハロゲン**と激しく反応してハロゲン化物を生じる ④ナトリウム、カリウムと比較すると反応性は**弱い** ⑤固体の単体でもっとも**軽い** ⑥固体の金属でもっとも比熱が**大きい** ⑦炎色反応：**赤**色（**深赤**色）
アルカリ土類金属	カルシウム	①空気中で加熱すると燃焼して**酸化カルシウム**を生じる ②水と接触すると水素を発生する。また、水素と高温で反応すると**水素化カルシウム**を生じる ③還元性が強く、多くの有機物や金属酸化物を還元する ④電気伝導性があり、鉄よりも電気をよく通す ⑤炎色反応：**橙赤**色
	バリウム	①水と接触すると水素を発生して**水酸化バリウム**を生じる ②**ハロゲン**とは常温でも反応する ③水素と高温で反応すると**水素化バリウム**を生じる ④金属光沢を有しているが、空気中では徐々に**酸化**され、白色の**酸化被膜**（**不動態被膜**）に覆われる ⑤炎色反応：**黄緑**色

まず特に重要なリチウムの特性を覚えて、カルシウムとバリウムについてはリチウムとの違いを覚えていくのもいいと思います。

燃えたときの色も異なるんですね。

はい。炎色反応の色も大事です。また、貯蔵方法なども下の表を確認しながら覚えておきましょう。

表で覚える **アルカリ金属・アルカリ土類金属の貯蔵・取扱および消火方法**

	内容
貯蔵・取扱方法	①**火気**・加熱を避ける ②**水分**との接触を避ける ③容器は**密栓**する
消火方法	①乾燥砂などで**窒息**消火する ②**水系の**消火剤（**水・泡・強化液**）、**ハロゲン化物**消火剤は使用不可

練習問題解説

⑷リチウムは水と反応すると酸素ではなく、「水素」を発生するので誤りです。アルカリ土類金属のカルシウムとバリウムも、水と接触すると水素を発生します。　正解　⑷

2-5 有機金属化合物・金属の水素化物・金属のりん化物

有機金属化合物・金属の水素化物・金属のりん化物の詳しい特性について解説します。共通点などを理解しましょう。

練習問題

本テーマはこんな問題が出題されます

水素化ナトリウムの性状について、次のうち誤っているものはどれか。

(1) 灰色の結晶である。
(2) 鉱物油中では安定している。
(3) 還元性が強く、金属の酸化物や塩化物から金属を遊離する。
(4) アルコールと反応する。
(5) 比重は1より小さい。

▶ 有機金属化合物・金属の水素化物・金属のりん化物とは？

有機金属化合物とは、金属と炭素の間に直接の結合をもつ有機化合物のことです。ただ、同じ有機金属化合物のアルキルアルミニウムとアルキルリチウムに関しては、単独で第３類危険物に定められていますので、ここでは**ジエチル亜鉛**について解説していきます。

金属の水素化物とは何ですか？

金属と水素（H）の化合物のことで、元の金属と似た特性をもっています。ここでは水素化ナトリウムと水素化リチウムを扱います。

ということは、水素化ナトリウムはナトリウムと、水素化リチウムはリチウムと似た特性なのですね。もう１つ、金属のりん化物とは何ですか？

金属元素とりん（P）の化合物のことで、**高温**で分解してりんを生じるものが多いです。

表で覚える 有機金属化合物・金属の水素化物・金属のりん化物の分類

品目	物品名	形状	比重	保存
有機金属化合物	ジエチル亜鉛 $(C_2H_5)_2Zn$	**無**色の液体	**1.2**	不活性ガス
金属の水素化物	水素化ナトリウム NaH	**灰**色の結晶	**1.4**	鉱物油
	水素化リチウム LiH	**白**色の結晶	**0.8**	鉱物油
金属のりん化物	りん化カルシウム Ca_3P_2	**暗赤**色の結晶性粉末または塊状固体	**2.5**	密栓

▶ 有機金属化合物・金属の水素化物・金属のりん化物の各種特性とは？

ここからは、有機金属化合物・金属の水素化物・金属のりん化物の詳しい特性について学んでいきましょう。

表で覚える **有機金属化合物・金属の水素化物・金属のりん化物の各種特性**

品目	物品名	特性
有機金属化合物	ジエチル亜鉛	①ジエチルエーテル、**ベンゼン**、ヘキサンに溶ける ②空気中で**自然発火**する ③水、アルコール、酸と激しく反応して可燃性の**炭化水素**ガスを発生する ④**引火**性がある
金属の水素化物	水素化ナトリウム	①約 **800**℃で分解してナトリウムと水素を生じる ②空気中で容易に酸化され、直ちに**自然発火**する ③乾燥した空気中や**鉱物油**中では安定している ④**還元**性が強く、金属の酸化物や塩化物から金属を遊離する ⑤アルコール、**酸**と反応する
	水素化リチウム	①水と激しく反応して腐食性の強い**水酸化リチウム**と水素を生じる ②高温で分解して**リチウム**と水素を生じる ③強還元剤として使用される ④**吸湿**性がある
金属のりん化物	りん化カルシウム	①**アルカリ**に溶けない ②水や酸、湿った空気と激しく反応して**りん化水素（ホスフィン）**を生じる ③自身は**不燃**性だが、生成される**りん化水素**が自然発火性を有する ④**加熱**によっても容易に分解する ⑤ **300**℃以上でハロゲン、酸素、硫黄などと反応する ⑥**強い酸化剤**と激しく反応して、火災や爆発する恐れがある

りん化カルシウム自身は不燃性なのですね。

はい。水や酸、湿った空気との反応でりん化水素が生成されますが、その性状として**自然発火性物質**となっています。

生成物についても覚えておく必要がありますね。

はい。たとえば、ジエチル亜鉛は、水、アルコール、酸と激しく反応し、その結果、**炭化水素**ガスを発生します。このガスは**可燃**性です。何と反応し、何が生成されるのかもしっかりと覚えていきましょう。

わかりました！

次に、有機金属化合物・金属の水素化物・金属のりん化物の貯蔵・取扱および消火方法について次ページに表でまとめたので見てください。

金属の水素化物は、「流動パラフィンや鉱物油中に保管してもよい」とありますが、流動パラフィンとは何ですか？

流動パラフィンとは、**ミネラルオイル**とも呼ばれ、石油の潤滑油留分を蒸留精製して得られるオイルのことです。無色透明で無臭で化学的に安定しています。

では鉱物油とは何ですか？

鉱物油は、石油など地下資源由来の炭化水素化合物もしくは不純物をも含んだ混合物のことで、**鉱油**ともいいます。

どちらも油なんですね。不活性ガスも化学的に安定しているといっていましたね。

そうですね。危険物は、化学的に**不安定**で反応性の**高い**物質が多いです。そのため貯蔵する際には、化学的に**安定**していて反応性の**低い**物質を使用します。

そう考えると貯蔵方法について理解が深まった気がします。金属のりん化物の貯蔵方法で、「貯蔵する建物の床面を地盤面より高くして湿気を避ける」というのは特徴があっておもしろいです。

まずは危険物の特性を理解して、貯蔵・取扱・消火方法も理解するようにしましょう。

実際に貯蔵するイメージをして覚えます。

表で覚える **有機金属化合物・金属の水素化物・金属のりん化物の貯蔵・取扱および消火方法**

	物品名	内容
貯蔵・取扱方法	有機金属化合物	①**空気**、**水**との接触を避ける ②**不活性ガス（窒素など）**の中で貯蔵する ③容器を完全**密封**する
	金属の水素化物	①**酸化剤**、**水分**との接触を避ける ②**不活性ガス（窒素など）**の中で貯蔵する ③容器は**密栓**する ④流動パラフィンや**鉱物油**中に保管してもよい ⑤火気は厳禁である
	金属のりん化物	①**水分**、**酸**、**強い酸化剤**と接触させない ②容器は**密栓**する ③貯蔵する建物の床面を地盤面より**高く**する（**湿気**を避ける） ④火気を近づけない
消火方法	有機金属化合物	①乾燥砂、粉末消火剤などで**窒息**消火する ②**水系の**消火剤（**水・泡・強化液**）は使用不可 ③ハロゲン化物消火剤は反応して**有毒なガス**を発生するため使用してはいけない
	金属の水素化物	①乾燥砂、消石灰、ソーダ灰で**窒息**消火する ②**水系の**消火剤（**水・泡・強化液**）は使用不可
	金属のりん化物	①乾燥砂、粉末消火剤などで**窒息**消火する ②**水系の**消火剤（**水・泡・強化液**）は使用不可

ハロゲン化物消火剤は、有機金属化合物では有毒ガスを発生してしまうため使用してはいけません

練習問題解説

(5)水素化ナトリウムの比重は、1.4で「1より大きい」ので誤りです。危険物において比重も重要な情報ですので、覚えておきましょう。

正解 (5)

2-6 カルシウムまたはアルミニウムの炭化物

カルシウムまたはアルミニウムの炭化物の詳しい特性を学んでいきます。これらもよく知られた物品です。

本テーマはこんな問題が出題されます

練習問題

炭化カルシウムの性状について、次のうち誤っているものはどれか。

⑴ 水と反応して可燃性のメタンガスを生じる。
⑵ 高温では強い還元性がある。
⑶ 吸湿性がある。
⑷ 高温で窒素と反応させるとカルシウムシアナミドが生じる。
⑸ 比重は1より大きい。

▶ カルシウムまたはアルミニウムの炭化物とは？

炭化物とは、炭素と金属またはほかの陽性元素との化合物の総称です。ここでは、カルシウムの炭化物として炭化カルシウム、アルミニウムの炭化物として炭化アルミニウムを解説していきます。

炭化物には、どのような特徴がありますか？

炭化物は水や希酸によって**分解**されやすく、**可燃性ガス**のメタンやアセチレンなどを発生するものが多いです。

表で覚える カルシウムまたはアルミニウムの炭化物の分類

物品名	形状	比重	保存
炭化カルシウム CaC_2	純粋なものは**無**色～**白**色の結晶 ※不純物が混入していると**灰**色	**2.2**	密栓
炭化アルミニウム Al_4C_3	**無**色～**黄**色の結晶	**2.4**	密栓

炭化カルシウムは不純物が混入した場合、灰色ですので注意しましょう

▶ カルシウムまたはアルミニウムの炭化物の詳しい特性をチェック！

ここからは、カルシウムまたはアルミニウムの炭化物の詳しい特性について学んでいきましょう。中には危険な要素もあります。

表で覚える カルシウムまたはアルミニウムの炭化物の各種特性

物品名	特性
炭化カルシウム	①一般に流通しているものは、硫黄、りん、窒素、ケイ素などの**不純物**を含んでいる ②水と反応して可燃性の**アセチレンガス**と水酸化カルシウムを生じる ③常温の乾燥した空気中では**安定**している ④高温では強い**還元**性がある ⑤高温で窒素と反応させると**カルシウムシアナミド**が生じる ⑥**吸湿**性がある ⑦そのもの自体は**不燃**性である
炭化アルミニウム	①水と反応して可燃性の**メタンガス**を発生する ② **1,400**℃で分解し、可燃性のメタンガスを発生する ③金属酸化物の**還元剤**として働く ④乾燥した空気中では**安定**している

どちらも乾燥した空気中では安定しているんですね。

はい。そうした共通点を覚えていくと、知識が定着しやすいです。

しっかりと覚えます！　貯蔵方法にも共通点がありますか？

はい。基本的には同じです。炭化物の貯蔵・取扱および消火方法についても表にまとめたので見てください。「使用してはいけない」ものに要注意です。

表で覚える カルシウムまたはアルミニウムの炭化物の貯蔵・取扱および消火方法

	内容
貯蔵・取扱方法	①**火気**を近づけない ②**水分**、湿気を避けて乾燥した場所に貯蔵する ③必要に応じて、窒素などの**不燃性ガス**を封入する
消火方法	①乾燥砂、粉末消火剤などで**窒息**消火する ②**水系の**消火剤（**水・泡・強化液**）は使用してはいけない

練習問題解説

(1)炭化カルシウムは、水と反応してメタンガスではなく「アセチレンガス」を生じるので誤りです。水と反応してメタンガスを生じるのは、炭化アルミニウムです。あわせて覚えておきましょう。

正解　(1)

2-7 その他のもので政令で定めるもの（塩素化ケイ素化合物）

塩素化ケイ素化合物の詳しい特性について解説します。ここでは１つの物品を取り上げます。

本テーマはこんな問題が出題されます

練習問題

トリクロロシランの性状について、次のうち誤っているものはどれか。

(1) 無色の液体である。
(2) ジエチルエーテルに溶けない。
(3) 可燃性で蒸気が空気と混合すると、爆発性のガスになる。
(4) 高純度化ケイ素の主原料として利用される。
(5) 水によって加水分解して塩化水素ガスを発生する。

▶ 塩素化ケイ素化合物とは？

第３類危険物の「その他のもので政令で定めるもの」として**塩素化ケイ素化合物**が定められています。ここでは、その中のトリクロロシランについて解説していきます。

塩素化ケイ素化合物とは何ですか？

ケイ素（Si）と結合した物質が塩素化されたもののことです。基本性状について表にまとめたので見てください。

表で覚える 塩素化ケイ素化合物の基本性状

物品名	形状	比重	保存
トリクロロシラン $SiHCl_3$	無色の液体	1.34	密栓

覚えにくい名前ですが、形状などを覚えておきましょう

▶ 塩素化ケイ素化合物の詳しい特性をチェック！

次に、塩素化ケイ素化合物の詳しい特性について学んでいきましょう。

よろしくお願いします！

次ページに表でまとめたので確認しましょう。

表で覚える 塩素化ケイ素化合物の各種特性

物品名	特性
トリクロロシラン	①**ベンゼン**、**ジエチルエーテル**、**二硫化炭素**など多くの有機溶剤に溶ける ②可燃性で、蒸気が空気と混合すると**爆発**性のガスになる ③水によって加水分解して**塩化水素**ガスを発生する（分解する際に発熱して発火する恐れがある） ④高温で分解してケイ素に変わる（半導体工業での**高純度化ケイ素**の主原料として利用される）

世の中に役立つ物質ですが、危険性もあるため、特性を理解しておく必要があります

禁水性物質ということもあり、水との接触は危険ですね。

そうですね。「水によって加水分解する際に発火する恐れがある」とありますが、このときに**毒**性と**腐食**性のある煙霧を発生するため、非常に危険です。

それは危険ですね。貯蔵方法にも注意点がありますか？

はい。貯蔵・取扱および消火方法についても表にまとめたので見てください。禁水性のため、やはり**水分**や**湿気**を避けることが、とても重要です。消火方法も、乾燥砂などでの**窒息**消火になります。

表で覚える 塩素化ケイ素化合物の貯蔵・取扱および消火方法

	内容
貯蔵・取扱方法	①**火気**、**酸化剤**を近づけない ②**水分**、**湿気**を避ける ③容器は**密栓**する ④**風通し**のよい場所に貯蔵する
消火方法	①乾燥砂、膨張ひる石、膨張真珠岩などで**窒息**消火する ②**水系の**消火剤（**水・泡・強化液**）は使用してはいけない

水が厳禁ですね。しっかり覚えて正解できるようになります！

練習問題解説

(2)トリクロロシランは、ジエチルエーテルに「溶ける」ので誤りです。ほかにベンゼン、二硫化炭素など多くの有機溶剤に溶けることも覚えておきましょう。

正解　(2)

要点をチェック！　まとめ②

第3類危険物の特性を、形状、比重、保存方法別にまとめました。
付属の赤シートで隠すなどして覚えましょう。

表で覚える 第3類危険物の基本性状①・形状別　2-1 ～ 2-7

固体の第3類危険物	
カリウム	銀白色の軟らかい金属
ナトリウム	銀白色の軟らかい金属
黄りん	白色または淡黄色のロウ状
りん化カルシウム	暗赤色の結晶性粉末または塊状

液体の第3類危険物	
アルキルリチウム	無色または黄褐色の液体（淡黄色～黄褐色に変化）
ジエチル亜鉛	無色の液体
トリクロロシラン	無色の液体

固体または液体の第3類危険物	
アルキルアルミニウム	無色の固体または液体

結晶の第3類危険物	
リチウム カルシウム バリウム	銀白色の金属結晶
水素化ナトリウム	灰色の結晶
水素化リチウム	白色の結晶
炭化カルシウム	純粋なものは無色～白色の結晶 ※不純物が混入していると灰色
炭化アルミニウム	無色～黄色の結晶

自分の視点でまとめるのも、
よい勉強になります

表で覚える 第３類危険物の基本性状②・比重別　2-1 ～ 2-7

物品名	比重
リチウム	0.5
アルキルリチウム	0.84
水素化リチウム	0.8
アルキルアルミニウム	0.83 ～ 1.23
カリウム	0.86
ナトリウム	0.97
ジエチル亜鉛	1.2
トリクロロシラン	1.34
水素化ナトリウム	1.4
カルシウム	1.6
黄りん	1.8 ～ 2.3
炭化カルシウム	2.2
炭化アルミニウム	2.4
りん化カルシウム	2.5
バリウム	3.6

軽

水に浮く

水に沈む

重

表で覚える 第３類危険物の基本性状③・保存方法別　2-1 ～ 2-7

灯油に保存	不活性ガスに保存
カリウム、ナトリウム	アルキルアルミニウム、 アルキルリチウム、ジエチル亜鉛
水に保存	**鉱物油に保存**
黄りん	水素化ナトリウム、水素化リチウム
密栓して保存	
リチウム、カルシウム、バリウム、 りん化カルシウム、炭化カルシウム、 炭化アルミニウム、トリクロロシラン	

形状、比重、保存方法のそれぞれでまとめました。それぞれの物品がどれに分類されるか、確認しておきましょう

知識を定着！　復習問題

これまでに学んだ知識を、復習問題に取り組むことでしっかり定着させましょう。間違えた問題は解説を読んで復習し、正解するまで取り組んでください。しっかりと知識が定着したら、予想模擬試験にチャレンジしましょう！

問1 カリウムの性状について、次のうち誤っているものはどれか。

(1) アルコールに溶けて水素を発生する。
(2) ハロゲン元素と激しく反応する。
(3) 銀白色の固体である。
(4) 空気中の水分と反応して酸素を発生する。
(5) 吸湿性がある。

問2 アルキルリチウムの性状について、次のうち誤っているものはどれか。

(1) 引火性がある。
(2) 空気中では黒煙をあげて発火する。
(3) ジエチルエーテルに溶ける。
(4) 水と激しく反応してブタンガスを発生する。
(5) 無色の液体である。

問3 黄りんの性状について、次のうち誤っているものはどれか。

(1) 淡黄色の固体である。
(2) 猛毒である。
(3) 水と激しく反応して水素を発生する。
(4) 燃焼すると十酸化四りんを生じる。
(5) ニラに似た不快臭がある。

問4 カルシウムの性状について、次のうち誤っているものはどれか。

(1) 酸化性が強く、多くの有機物を酸化させる。
(2) 銀白色の金属結晶である。
(3) 水と接触すると水素を発生して水酸化カルシウムを生じる。
(4) 比重は1より大きい。
(5) 空気中で加熱すると燃焼して酸化カルシウムを生じる。

問5 バリウムの性状について、次のうち誤っているものはどれか。

⑴ 水と接触すると水素を発生して水酸化バリウムを生じる。
⑵ 空気中では徐々に酸化され、白色の酸化被膜に覆われる。
⑶ 常温（20℃）では、ハロゲンと反応しない。
⑷ 水素中で加熱すると水素化バリウムを生じる。
⑸ 銀白色の金属結晶である。

問6 ジエチル亜鉛の性状について、次のうち誤っているものはどれか。

⑴ ジエチルエーテルに溶ける。
⑵ 引火性がある。
⑶ 空気中で自然発火する。
⑷ 無色の固体である。
⑸ 酸と激しく反応して可燃性の炭化水素ガスを発生する。

問7 水素化リチウムの性状について、次のうち誤っているものはどれか。

⑴ 水と激しく反応して腐食性の強い水酸化リチウムを生じる。
⑵ 吸湿性がある。
⑶ 白色の結晶である。
⑷ 強還元剤として使用される。
⑸ 比重は1より大きい。

問8 りん化カルシウムの性状について、次のうち誤っているものはどれか。

⑴ アルカリに溶けない。
⑵ 湿った空気と激しく反応してりん化水素を生じる。
⑶ 可燃性である。
⑷ 暗赤色の結晶性粉末である。
⑸ 300℃以上でハロゲン、酸素、硫黄などと反応する。

問9 炭化アルミニウムの性状について、次のうち誤っているものはどれか。

⑴ 乾燥空気中でも自然発火する恐れがある。
⑵ 無色または黄色の結晶である。
⑶ 金属酸化物の還元剤として働く。
⑷ 水と反応して可燃性のメタンガスを発生する。
⑸ 1,400℃で分解して可燃性のメタンガスを発生する。

問 10 トリクロロシランの性状について、次のうち誤っているものはどれか。

(1) 無色の液体である。

(2) 水によって加水分解して塩化水素ガスを発生する。

(3) 二硫化炭素に溶けない。

(4) 半導体工業における高純度化ケイ素の主原料として利用される。

(5) 可燃性で、蒸気が空気と混合すると爆発性のガスになる。

解答＆解説

問 1

カリウムは空気中の水分と反応して、酸素ではなく**水素**を発生します。**自然発火**性と**禁水**性の両方を有しており、貯蔵や取扱いの際には注意が必要です。また、**ハロゲン元素**と激しく反応するので水系の消火剤（水・泡・強化液）だけでなく、ハロゲン化物消火剤も使用してはいけません。

正解 (4)

問 2

空気中では黒煙ではなく、**白煙**をあげて発火するので誤りです。水だけでなく、アルコール、酸、アミンなどとも激しく反応して**ブタンガス**を発生します。また、**ベンゼン**、ヘキサンなどで希釈したものは、反応性が低減します。刺激臭があり、皮膚に触れると薬傷を起こすので、取扱う際は注意しましょう。

正解 (2)

問 3

黄りんは、第３類危険物で唯一、禁水性を有しない物質で水と**反応しません**。**自然発火**性は有しており、空気中では青白〜黄緑色の**りん光**を放ちます。約**50**℃で自然発火して、燃焼すると**十酸化四りん**（**五酸化二りん**）を生じます。また、**ハロゲン**と激しく反応して有毒ガスを発生するので、ハロゲン化物消火剤は使用してはいけません。

正解 (3)

問 4

カルシウムは酸化性が強いのではなく、**還元**性が強いので多くの有機物を還元します。有機物だけでなく、金属酸化物も還元します。電気伝導性があり、鉄よりも電気をよく通すという特徴もあります。燃焼した際の炎色反応は**橙赤**色です。

正解 (1)

問 5

バリウムは、常温（20℃）でも**ハロゲン**と反応するので誤りです。**自然発火**性と**禁水**性の両方を有しています。燃焼した際の炎色反応は**黄緑**色で、乾燥砂などで**窒息**消火します。水や**ハロゲン**と反応するので、水系の消火剤（水・泡・強化液）、ハロゲン化物消火剤は使用してはいけません。

正解 (3)

問6

ジエチル亜鉛は、無色の固体ではなく、液体なので誤りです。ジエチルエーテルだけでなく、ベンゼン、ヘキサンにも溶けます。また、酸以外にも水やアルコールとも激しく反応して可燃性の炭化水素ガスを発生します。そのため、不活性ガス（窒素など）の中で貯蔵して、容器を完全密封します。　正解　(4)

問7

水素化リチウムの比重は1より大きいのではなく、1より小さいので誤りです。水素化リチウムは、リチウムと水素の化合物のことで、リチウムと似た特性をもっています。不活性ガス（窒素など）の中で貯蔵し、容器は密栓します。また、流動パラフィンや鉱物油中に保管してもよいというのも大事なポイントです。　正解　(5)

問8

りん化カルシウムは可燃性ではなく、自身は不燃性で、生成されるりん化水素（ホスフィン）が自然発火性を有します。また、加熱によっても容易に分解するという特徴もあり、300℃以上でハロゲン、酸素、硫黄などと反応します。貯蔵する建物の床面を地盤面より高くして、容器は密栓しましょう。　正解　(3)

問9

炭化アルミニウムは乾燥空気中では安定しているため、自然発火する恐れはありません。水と反応して可燃性のメタンガスを発生するので、水分、湿気を避けて乾燥した場所に貯蔵します。必要に応じて、窒素などの不燃性ガスを封入するようにしましょう。燃焼した際は、乾燥砂、粉末消火剤などで窒息消火し、水系の消火剤（水・泡・強化液）は使用してはいけません。　正解　(1)

問10

トリクロロシランは、二硫化炭素だけでなく、ベンゼンやジエチルエーテルなどの多くの有機溶剤に溶けます。水によって加水分解して塩化水素ガスを発生しますが、分解する際に発熱して発火する恐れがあるので注意しましょう。高温で分解してケイ素に変わる特性から、半導体工業における高純度化ケイ素の主原料として利用されます。　正解　(3)

それぞれの物品の特性などをしっかりとおさえて、本試験でも確実に正解できるようになりましょう

第3類危険物

1回目：　／　2回目：　／

一問一答・チャレンジ問題！

これまでに学んだ知識が身についているかを、一問一答形式の問題で確認しましょう。付属の赤シートを紙面に重ね、隠れた文字（赤字部分）を答えていってください。赤字部分は合格に必須な重要単語です。試験直前もこの一問一答でしっかり最終チェックをしていきましょう！

重要度：☆☆＞☆＞無印

□□ **1** ☆☆ 第3類危険物は、**自然発火性物質**および**禁水性物質**の集まりである。（1-1 参照）

□□ **2** ☆☆ 第3類危険物のうち、りん化カルシウム、炭化カルシウム、炭化アルミニウムのみ**不燃**性で、それ以外は**可燃**性である。（1-1 参照）

□□ **3** ☆☆ 第3類危険物のうち、**黄りん**は自然発火性を有するが、禁水性は有しない。（1-1 参照）

□□ **4** ☆ 第3類危険物のうち、**リチウム**は禁水性を有するが、自然発火性は有しない。（1-1 参照）

□□ **5** 第3類危険物は、大部分が**金属**または**金属**を含む化合物である。（1-1 参照）

□□ **6** ☆ アルカリ金属およびアルカリ土類金属には、**リチウム**、カルシウム、バリウムなどが分類される。（1-2 参照）

□□ **7** ☆ 金属の水素化物には、**水素化ナトリウム**、水素化リチウムが分類される。（1-2 参照）

□□ **8** ☆ カルシウムまたはアルミニウムの炭化物には、**炭化カルシウム**、炭化アルミニウムが分類される。（1-2 参照）

□□ **9** ☆☆ 自然発火性物質は、**空気**、炎、火花、高温体との接触、加熱を避ける。（1-2 参照）

□□ **10** ☆☆ 禁水性物質は、**水**との接触を避ける。（1-2 参照）

□□ **11** ☆ 第3類危険物は、容器は**密封**し、換気のよい冷暗所で貯蔵する。（1-2 参照）

□□ **12** 水中で貯蔵する物品と禁水性物品とは、同一の貯蔵所で**貯蔵しない**。 (1-2 参照)

□□ **13** ☆☆ 第３類危険物は、**乾燥砂**、膨張ひる石、膨張真珠岩などで窒息消火する。 (1-2 参照)

□□ **14** ☆ 禁水性物質は、**炭酸水素塩類**の粉末消火剤を使用できる。 (1-2 参照)

□□ **15** ☆☆ 第３類危険物のうち、**黄りん**のみ水系の消火剤（水・泡・強化液）を使用できる。 (1-2 参照)

□□ **16** ☆ カリウムは、**銀白**色の軟らかい金属で、比重は１より小さい。 (2-1 参照)

□□ **17** ☆ カリウムは、**吸湿**性があり、空気中の水分と反応して**水素**を発生する。 (2-1 参照)

□□ **18** ☆ カリウムは、金属材料を**腐食**して、**ハロゲン**元素とは激しく反応する。 (2-1 参照)

□□ **19** ☆ ナトリウムは、**銀白**色の軟らかい金属で、比重は１より小さい。 (2-1 参照)

□□ **20** ☆ ナトリウムは、空気中で速やかに**酸化**して金属光沢を失う。 (2-1 参照)

□□ **21** ☆ ナトリウムは、水と激しく反応して**水素**を発生する。 (2-1 参照)

□□ **22** ☆ アルキルアルミニウムは、**無**色の固体または液体で、空気に接触すると**酸化**されて**自然発火**する。 (2-2 参照)

□□ **23** アルキルアルミニウムは、水に接触すると激しく反応し、**可燃**性ガスを発生して発火する。 (2-2 参照)

□□ **24** アルキルアルミニウムは、約 **200**℃でエタン、エチレン、アルミニウム、水素または塩化水素に分解する。 (2-2 参照)

□□ **25** ☆ アルキルリチウムは、**無**色または**黄褐**色の液体で、空気中では**白煙**をあげて発火する。 (2-2 参照)

□□ **26** ☆ アルキルリチウムは、水、アルコール、酸、アミンなどと激しく反応して**ブタンガス**を発生する。 (2-2 参照)

□□ **27** ☆☆ 黄りんは、**白**色または**淡黄**色のロウ状の固体で、水に**溶けない**。 (2-3 参照)

□□ **28** ☆ 黄りんは、空気中では青白～黄緑色の**りん光**を放つ。 (2-3 参照)

□□ **29** ☆☆ 黄りんは、約 **50**℃で自然発火し、燃焼すると**十酸化四りん（五酸化二りん）**を生成する。 (2-3 参照)

□□ **30** ☆☆ リチウムは、**銀白**色の金属結晶で、水と接触すると**水素**を発生する。 (2-4 参照)

□□ **31** ☆☆ リチウムは、**ハロゲン**と激しく反応してハロゲン化物を生じる。 (2-4 参照)

□□ **32** ☆ リチウムは、ナトリウム、カリウムと比較すると反応性は**弱い**。 (2-4 参照)

□□ **33** ☆☆ カルシウムは、**銀白**色の金属結晶で、水と接触すると水素を発生する。 (2-4 参照)

□□ **34** ☆ カルシウムは、空気中で加熱すると燃焼して**酸化カルシウム**を生じる。 (2-4 参照)

□□ **35** ☆ バリウムは、**銀白**色の金属結晶で、水と接触すると水素を発生して**水酸化バリウム**を生じる。 (2-4 参照)

□□ **36** バリウムは、金属光沢を有しているが、空気中では徐々に**酸化**され白色の**酸化被膜（不動態被膜）**に覆われる。 (2-4 参照)

□□ **37** ☆ ジエチル亜鉛は、**無**色の液体で、ジエチルエーテル、**ベンゼン**、ヘキサンに溶ける。 (2-5 参照)

□□ 38 ジエチル亜鉛は、引火性があり、空気中で**自然発火**する。(2-5 参照)

□□ 39 ☆☆ ジエチル亜鉛は、水、アルコール、酸と激しく反応して可燃性の**炭化水素**ガスを発生する。(2-5 参照)

□□ 40 ☆☆ 水素化ナトリウムは、**灰**色の結晶で、約 **800**℃で分解してナトリウムと水素を生じる。(2-5 参照)

□□ 41 ☆ 水素化ナトリウムは、空気中で容易に**酸化**され、直ちに**自然発火**するが、乾燥した空気中や**鉱物油**中では安定している。(2-5 参照)

□□ 42 水素化ナトリウムは、**還元**性が強く、金属の酸化物や塩化物から金属を遊離する。(2-5 参照)

□□ 43 ☆ 水素化リチウムは、**白**色の結晶で、水と激しく反応して腐食性の強い**水酸化リチウム**と水素を生じる。(2-5 参照)

□□ 44 水素化リチウムは、高温で分解して**リチウム**と水素を生じる。(2-5 参照)

□□ 45 ☆ りん化カルシウムは、**暗赤**色の結晶性粉末または塊状固体で、水や酸、湿った空気と激しく反応して**りん化水素(ホスフィン)**を生じる。(2-5 参照)

□□ 46 りん化カルシウムは、自身は**不燃**性だが、生成されるりん化水素(ホスフィン)が自然発火性を有する。(2-5 参照)

□□ 47 ☆ りん化カルシウムは、**300**℃以上でハロゲン、酸素、硫黄などと反応する。(2-5 参照)

□□ 48 ☆ 炭化カルシウムの純粋なものは、**無**色～**白**色の結晶で、自身は**不燃**性である。(2-6 参照)

似たような名前の物品が多いので、特性などを混同しないように注意しましょう

□□ **49** ☆ 炭化カルシウムは、水と反応して可燃性の**アセチレンガス**と水酸化カルシウムを生じる。 (2-6 参照)

□□ **50** 炭化カルシウムは、常温の乾燥した空気中では安定しているが、高温で窒素と反応させると**カルシウムシアナミド**が生じる。 (2-6 参照)

□□ **51** ☆ 炭化アルミニウムは、**無**色～**黄**色の結晶で、水と反応して可燃性の**メタンガス**を発生する。 (2-6 参照)

□□ **52** 炭化アルミニウムは、乾燥した空気中では安定しているが、**1,400**℃で分解し、可燃性のメタンガスを発生する。 (2-6 参照)

□□ **53** ☆ トリクロロシランは、**無**色の液体で、**ベンゼン**、ジエチルエーテル、二硫化炭素などの多くの有機溶剤に溶ける。 (2-7 参照)

□□ **54** ☆ トリクロロシランは可燃性で、蒸気が空気と混合すると、**爆発**性のガスになる。 (2-7 参照)

□□ **55** トリクロロシランは、水によって加水分解して**塩化水素**ガスを発生する。また、分解する際に発熱して**発火**する恐れがある。 (2-7 参照)

試験直前期には、重要度の高い
☆☆の問題や間違えた問題などを
優先的に見直すようにしましょう

第5章

第5類危険物

第5類危険物の性質、貯蔵・取扱・消火方法について解説していきます。第5類危険物は、自己反応性物質の集まりで、分子内に酸素を含んでいるものが多く、燃焼速度が速いのが特徴です。ポイントをおさえて覚えましょう！

Contents

1-1 第５類危険物の共通特性

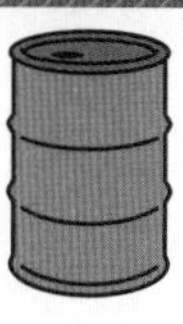

まずは第５類危険物の共通特性を学んでいきます。第３類危険物と並んで危険性が高いので、しっかり覚えましょう。

練習問題　本テーマはこんな問題が出題されます

第５類危険物の性状について、次のうち誤っているものはどれか。

(1)　いずれも可燃性である。
(2)　いずれも水に沈む。
(3)　いずれも常温（20℃）で液体である。
(4)　分子内に酸素を含んでいるものが多い。
(5)　水と反応しないものが多い。

▶ 第５類危険物とは？

第５類危険物は、**自己反応性物質**の集まりです。

自己反応性物質とは何ですか？

自己反応性物質とは、爆発の危険性を判断するための試験、または加熱分解の激しさを判断するための試験において、一定の性状を示す固体や液体のことです。

火災を起こしたり爆発しやすい物質ということですね。

その通りです。第５類危険物は、いずれも可燃性で、物質内に**酸素**を含んでいるものが多く、燃焼速度が**速い**です。燃焼の三要素のうち、**可燃物**と**酸素供給源**の２つを備えている危険な物質です（もう１つは**点火源**）。

危険な物質ということは、貯蔵や取扱方法にも注意が必要ですね。

図で覚える 第５類危険物の特徴

▶ 第５類危険物の共通特性をチェック！

ほかにも第５類危険物に共通する特性はありますか？

あります。まずは、共通特性を覚えて第５類危険物の全体像をイメージしてください。

表で覚える 第５類危険物のすべてに共通する特性など

範囲	特性
すべて	・**可燃**性である ・比重は１より**大きい** ・燃焼速度が**速い**
大部分	・分子内に**酸素**を含んでいる ・有機の窒素化合物である ・加熱、**衝撃**、摩擦により発火して爆発する恐れがある ・水と反応**しない**（注水消火**できる**）

大部分と表記している特性について、該当する物質は本章の 2-1 以降で解説します。

第５類危険物は、第３類危険物と同じように名称に固体と液体の表記がないのでどちらも存在するのですか？

その通りです。名称に形状に関する表記がないため、常温（20℃）で固体と液体のどちらも存在します。

ほかにどのような特徴がありますか？

硝酸エステル類など、**引火**性を有する物質もあります。火災や爆発の危険性が高いので、取扱う際は特性を理解しておく必要があります。

練習問題解説

(3)第５類危険物は、常温（20℃）で「固体と液体のどちらも存在する」ので誤りです。自己反応性物質という名称に「形状に関する表記がない」という点で覚えると覚えやすいです。

正解 (3)

1-2

第5類危険物の分類と貯蔵・消火方法

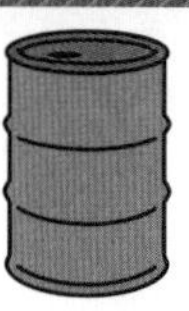

第５類危険物の分類と貯蔵・消火方法について解説します。早期対応や危険物が少量の場合、消火しやすくなります。

練習問題

本テーマはこんな問題が出題されます

第５類危険物の消火方法について、注水消火が適さない物質は、次のうちどれか。

(1) 過酸化ベンゾイル
(2) ニトロセルロース
(3) ジニトロソペンタメチレンテトラミン
(4) アゾビスイソブチロニトリル
(5) アジ化ナトリウム

▶ 第５類危険物の分類

第５類危険物は下表の通りで、物品名が複雑です。間違った名称で覚えないように注意しましょう。

表で覚える **第５類危険物の品目・物品名・消火方法**

品目	物品名	消火方法
有機過酸化物	過酸化ベンゾイル、過酢酸、 エチルメチルケトンパーオキサイド	注水
硝酸エステル類	硝酸メチル、硝酸エチル、 ニトログリセリン、ニトロセルロース	注水または 困難
ニトロ化合物	ピクリン酸、トリニトロトルエン	注水または 困難
ニトロソ化合物	ジニトロソペンタメチレンテトラミン	注水
アゾ化合物	アゾビスイソブチロニトリル	注水
ジアゾ化合物	ジアゾジニトロフェノール	困難
ヒドラジンの誘導体	硫酸ヒドラジン	注水
ヒドロキシルアミン	ヒドロキシルアミン	注水
ヒドロキシルアミン塩類	硫酸ヒドロキシルアミン、 塩酸ヒドロキシルアミン	注水
その他のもので政令で 定めるもの	アジ化ナトリウム	乾燥砂
	硝酸グアニジン	注水

消火が「困難」な物品もあるのですね。

はい。そのため、貯蔵や取扱方法には、特に注意が必要になります。

▶貯蔵・取扱方法・消火方法のポイント

次に、第５類危険物の貯蔵・取扱方法を見ていきましょう。

表で覚える 第５類危険物の貯蔵・取扱方法

	貯蔵・取扱方法
①	**火気**、**加熱**、**衝撃**、**摩擦**を避ける
②	容器は**密栓**する（エチルメチルケトンパーオキサイドは密栓しない）
③	**風通し**のよい冷暗所で貯蔵する
④	分解しやすい物質は、特に**室温**、**湿気**、**風通し**に注意する
⑤	**乾燥**させると危険な物質もあるので注意する

貯蔵にも注意点が多いですね。消火方法も詳しく教えてください！

わかりました。下の表で確認しましょう。**注水**が厳禁な物品もあります。

表で覚える 第５類危険物の消火方法

	消火方法
①	爆発的に燃焼するため、一般に消火は**困難**である
②	アジ化ナトリウム以外は、大量の**水**で**冷却**消火するか、**泡**消火剤を使用する
③	アジ化ナトリウムは、燃焼によって禁水性である**金属ナトリウム**を生じるため、乾燥砂などで**窒息**消火する。注水は厳禁
④	ほとんどの物質が**酸素**を含有していて自らが酸素供給源となるため、**窒息**消火は効果がない

アジ化ナトリウムの消火方法は例外なので注意してください

適応しない消火方法はありますか？

二酸化炭素消火剤、**ハロゲン化物**消火剤、**粉末**消火剤は適応しません。特性を理解して効果的な消火方法を覚えましょう。

はい、しっかりと覚えます！

練習問題解説

(5)アジ化ナトリウムは、燃焼によって禁水性である金属ナトリウムを生じるため「注水消火は適しません」。また、第５類危険物は、ほとんどの物質が酸素を含有しており、自らが酸素供給源となるため、窒息消火は効果がありません。注意しましょう。

正解 (5)

要点をチェック！　まとめ①

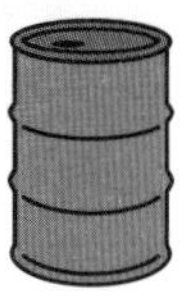

第５類危険物の共通特性などをまとめました。試験本番でも確実に正解できるようにしましょう。

図で覚える　第５類危険物とは？　1-1

第5類危険物

自己反応性物質

（可燃物

酸素供給源）

表で覚える　第５類危険物のすべてに共通する特性など　1-1

範囲	特性
すべて	・**可燃**性である ・比重は１より**大きい** ・燃焼速度が**速い**
大部分	・分子内に**酸素**を含んでいる ・有機の窒素化合物である ・加熱、**衝撃**、摩擦により発火して爆発する恐れがある ・水と反応**しない**（注水消火**できる**）

表で覚える 第５類危険物の消火方法による分類　1-2

注水
有機過酸化物（過酸化ベンゾイル、エチルメチルケトンパーオキサイド、過酢酸） ニトロソ化合物（ジニトロソペンタメチレンテトラミン） アゾ化合物（アゾビスイソブチロニトリル） ヒドラジンの誘導体（硫酸ヒドラジン） ヒドロキシルアミン ヒドロキシルアミン塩類（硫酸ヒドロキシルアミン、塩酸ヒドロキシルアミン） 硝酸グアニジン
注水または消火困難
硝酸エステル類（硝酸メチル、硝酸エチル、ニトログリセリン、ニトロセルロース） ニトロ化合物（ピクリン酸、トリニトロトルエン）
消火困難
ジアゾ化合物（ジアゾジニトロフェノール）
乾燥砂
アジ化ナトリウム

表で覚える 第５類危険物の貯蔵・取扱方法　1-2

	貯蔵・取扱方法
①	火気、加熱、衝撃、摩擦を避ける
②	容器は密栓する（エチルメチルケトンパーオキサイドは密栓しない）
③	風通しのよい冷暗所で貯蔵する
④	分解しやすい物質は、特に室温、湿気、風通しに注意する
⑤	乾燥させると危険な物質もあるので注意する

表で覚える 第５類危険物の具体的な消火方法　1-2

アジ化ナトリウム
①燃焼によって禁水性である金属ナトリウムを生じるため、乾燥砂などで窒息消火する。注水は厳禁である
アジ化ナトリウム以外
①大量の水で冷却消火するか、泡消火剤を使用する
共通
①爆発的に燃焼するため、一般に消火は困難である ②ほとんどの物質が酸素を含有し、自らが酸素供給源となるため、窒息消火は効果がない

第5類危険物の基礎知識

知識を定着！　復習問題

これまでに学んだ知識を、復習問題に取り組むことでしっかり定着させましょう。間違えた問題は解説を読んで復習し、正解するまで取り組んでください。しっかりと知識が定着したら、予想模擬試験にチャレンジしましょう！

問1 第5類危険物の性状について、次のうち誤っているものはどれか。

(1) いずれも比重は1より大きい。
(2) いずれも可燃性である。
(3) いずれも水と反応しない。
(4) 大部分は分子内に酸素を含んでいる。
(5) 大部分は有機の窒素化合物である。

問2 第5類危険物に定められるものとして、次のうち誤っているものはどれか。

(1) ピクリン酸
(2) 硝酸グアニジン
(3) ジニトロソペンタメチレンテトラミン
(4) アルキルアルミニウム
(5) 硫酸ヒドロキシルアミン

問3 第5類危険物の中で分子内に酸素を含んでいないものは、次のうちどれか。

(1) アジ化ナトリウム
(2) ヒドロキシルアミン
(3) 過酸化ベンゾイル
(4) エチルメチルケトンパーオキサイド
(5) アゾビスイソブチロニトリル

問4 第5類危険物の貯蔵・取扱方法について、次のうち誤っているものはどれか。

(1) 加熱を避ける。
(2) 分解しやすい物質は湿気に注意する。
(3) 風通しのよい冷暗所で貯蔵する。
(4) 容器は密栓する。
(5) いずれも乾燥させて貯蔵する。

問5 第5類危険物の消火方法として、次のうち大量の水による注水消火が厳禁なものはどれか。

(1) ピクリン酸
(2) 過酢酸
(3) ヒドロキシルアミン
(4) アジ化ナトリウム
(5) アゾビスイソブチロニトリル

解答＆解説

問1

第5類危険物は、いずれもではなく、**大部分**が水と**反応しません**。アジ化ナトリウムは、徐々に加熱すると、**窒素**と**金属ナトリウム**に分解します。この金属ナトリウムが**禁水**性です。また、**水**があると重金属と反応して爆発性のアジ化物を生じるので、アジ化ナトリウムは**注水**厳禁で、乾燥砂などで**窒息**消火します。 正解 (3)

問2

アルキルアルミニウムは第3類危険物で、**自然発火**性と**禁水**性をもつ危険な物質です。第5類危険物は、**自己反応性物質**の集まりです。いずれも可燃性で物質内に**酸素**を含んでいるものが多く、燃焼速度が**速い**です。燃焼の三要素である**可燃物**と**酸素供給源**の2つを備えている危険な物質なので、貯蔵などには注意が必要です。

正解 (4)

問3

第5類危険物の大部分は分子内に**酸素**を含んでいますが、アジ化ナトリウムは例外として、分子内に**酸素**を含んでいません。また、第5類危険物の大部分は、**注水**消火できますが、アジ化ナトリウムは水があると重金属と反応して爆発性のアジ化物を生じるので、**注水**厳禁です。 正解 (1)

問4

第5類危険物の中で、過酸化ベンゾイル、ピクリン酸、ニトロセルロースは、**乾燥**すると危険性が増します。**湿らせた状態**で貯蔵する必要があるので(5)は誤りです。また、第5類危険物のほとんどが容器は**密栓**して、風通しのよい**冷暗所**で貯蔵するのであわせて覚えておきましょう。 正解 (5)

問5

アジ化ナトリウムは徐々に加熱すると、窒素と禁水性の**金属ナトリウム**に**分解**され、また、水があると重金属と反応して爆発性の**アジ化物**を生じるので、水との接触を避ける必要があります。 正解 (4)

2-1 有機過酸化物

まずは有機過酸化物の詳しい特性を解説します。条件によって爆発することもあるので注意しましょう。

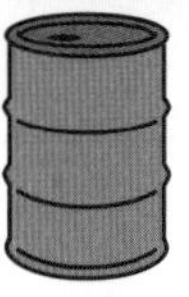

練習問題　本テーマはこんな問題が出題されます

過酸化ベンゾイルの性状について、次のうち誤っているものはどれか。

(1) 水に溶けない。
(2) 乾燥すると危険性が増す。
(3) 無臭である。
(4) 水に沈む。
(5) 常温でも分解して有毒ガスを生じる。

▶ 有機過酸化物とは？

有機過酸化物は一般に**過酸化水素**の誘導体とみなされる物質で、H-O-O-H の水素原子 1 ～ 2 個がほかの有機原子団に置換した化合物の総称です。

難しいですね……。

簡単にいうと、過酸化水素と有機物が反応してできた物質のことです。

表で覚える **有機過酸化物の分類**

物品名	形状	比重	水溶性
過酸化ベンゾイル $(C_6H_5CO)_2O_2$	**白**色の粒状結晶	**1.3**	×
エチルメチルケトン パーオキサイド	**無色透明**の油状	**1.1**	×
過酢酸 CH_3COOOH	**無**色の液体	**1.2**	○

○：水に溶ける　×：水に溶けない

固体も液体もあるのですね。詳しい特性にはどんなものがありますか？

次ページの上表を確認しましょう。**過酸化ベンゾイル**は、乾燥すると危険性が増すので要注意です。貯蔵方法なども覚えておきましょう。エチルメチルケトンパーオキサイドの容器は、密栓しません。また、高濃度のものは爆発する危険があるので、たとえばエチルメチルケトンパーオキサイドの市販品は、ジメチルフタレートなどで 50 ～ 60% に希釈されています。

表で覚える 有機過酸化物の各種特性

物品名	特性
過酸化ベンゾイル	①**水**、エタノールに溶けない ②ジエチルエーテルや**ベンゼン**などの有機溶剤に溶ける ③**無臭**である ④強い**酸化**作用がある ⑤常温（20℃）では安定し、**100**℃前後で分解 （白い有毒ガスが発生） ⑥**乾燥**すると危険性が増す
エチルメチルケトンパーオキサイド	①水に**溶けない**が、**ジエチルエーテル**に溶ける ②特有の臭気があり、**自然分解**の傾向がある ③ 30℃以下でも**酸化鉄**、ボロ布、アルカリなどと接触すると**分解**する
過酢酸	①水、**アルコール**、**ジエチルエーテル**、**硫酸**によく溶ける ②強い**酸化**作用、有毒で強い**刺激臭**、**引火**性がある ③多くの金属を侵して、皮膚や粘膜を刺激する ④加熱すると分解して刺激性の煙とガスを発生。**110**℃で爆発

表で覚える 有機過酸化物の貯蔵・取扱および消火方法

	物品名	内容
貯蔵・取扱方法	過酸化ベンゾイル	①**火気**、**加熱**、**摩擦**、**衝撃**を避ける ②容器は**密栓**する ③換気のよい**冷暗所**で貯蔵する ④湿らせるなどして**乾燥**させない ⑤有機物や**強酸**との接触を避ける
	エチルメチルケトンパーオキサイド	①**異物**との接触を避ける ②容器は**密栓**させると内圧が上昇して分解が促進されるため、通気性のあるフタを使用 ③**冷暗所**で貯蔵する
	過酢酸	①**火気**、**加熱**、**摩擦**、**衝撃**を避ける ②換気のよい**冷暗所**で貯蔵する
消火方法	①大量の**水**による**冷却**消火をするか、**泡**消火剤を使用する ②高濃度のものは爆発する危険性があるので注意する	

練習問題解説

(5)過酸化ベンゾイルは、常温（20℃）では「安定している」ので誤りです。100℃前後で分解して有毒ガスを生じること、乾燥すると危険性が増すことも大事です。 正解 (5)

2-2

硝酸エステル類

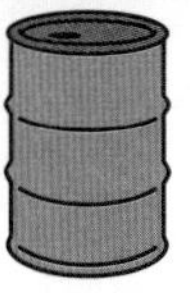

硝酸エステル類の詳しい特性を学んでいきましょう。味覚や嗅覚でわかる危険物もあります。

本テーマはこんな問題が出題されます

練習問題

ニトロセルロースの性状について、次のうち誤っているものはどれか。

(1) 白色の固体である。
(2) 水に溶けない。
(3) 強硝化綿はジエチルエーテルに溶ける。
(4) 弱硝化綿はダイナマイトやラッカーなどに使われている。
(5) 無味、無臭である。

▶ 硝酸エステル類とは？

硝酸エステル類は、硝酸の水素原子を**アルキル**基（110ページ）に置換した化合物の総称です。自然分解して酸化窒素が発生し、自然発火する恐れがあるため、貯蔵する際に注意が必要です。

硝酸エステル類には、どんな物品がありますか？

おもに**硝酸メチル**、**硝酸エチル**、**ニトログリセリン**、**ニトロセルロース**です。**ニトログリセリン**と**ニトロセルロース**は、ニトロ化合物（148～149ページ）ではなく、硝酸エステル類に分類されています。

表で覚える 硝酸エステル類の分類

物品名	形状	比重	水溶性
硝酸メチル CH_3NO_3	**無色透明**の液体	**1.2**	△
硝酸エチル $C_2H_5NO_3$	**無色透明**の液体	**1.1**	△
ニトログリセリン $C_3H_5(ONO_2)_3$	**無色透明**の油状	**1.6**	△
ニトロセルロース	**白**色の綿状または紙状	**1.7**	×

△：水にわずかに溶ける　×：水に溶けない

硝酸メチルと硝酸エチルは、形状などが似ていますね。

はい。特性にも共通点が多いです。次ページの上表で確認しましょう。

表で覚える 硝酸エステル類の各種特性

物品名	特性
硝酸メチル	①水に**溶けにくい**が、**アルコール**、**ジエチルエーテル**に溶ける ②**芳香**、**甘み**がある
硝酸エチル	①水にわずかに溶け、**アルコール**、**ジエチルエーテル**に溶ける ②**芳香**、**甘み**がある
ニトロ グリセリン	①水に**ほとんど溶けない**が、**有機溶剤**に溶ける ②**有毒**で甘みがある ③ **8**℃で凍結し、凍結すると危険性が増す ④**ダイナマイト**の原料である
ニトロ セルロース	①水に**溶けない** ②**酢酸エチル**、**酢酸アミル**、**アセトン**などによく溶ける ③無味、無臭である ④窒素の含有量で弱硝化綿（少）と強硝化綿（多）に分けられる ⑤弱硝化綿はジエチルエーテルとアルコールに溶けて**コロジオン**になるが、強硝化綿は溶けない ⑥弱硝化綿はダイナマイト、**無煙火薬**、ラッカーなどに使われている ⑦強硝化綿は**無煙火薬**などに使われている

特性も似ていると、貯蔵方法なども同じですか？

はい。ほかの物品との違いをおさえながら覚えていきましょう。

表で覚える 硝酸エステル類の貯蔵・取扱および消火方法

	物品名	内容
貯蔵・取扱方法	硝酸メチル 硝酸エチル	①**火気**、**直射日光**を避ける ②容器は**密栓**して、風通しのよい冷暗所で貯蔵する
	ニトログリセリン	①**加熱**、**衝撃**、**摩擦**を避け、**火薬庫**で貯蔵する ②箱や床にあふれたときは、**水酸化ナトリウム**のアルコール溶液を注いで分解し、布などで拭き取る
	ニトロセルロース	①**加熱**、**衝撃**、**摩擦**を避ける ②エタノールや水などの保護液で**湿潤**状態にして容器は密封し、冷暗所で貯蔵（自然分解を抑制）
消火方法	硝酸メチル 硝酸エチル	①**酸素**を含有しているため、消火は困難である
	ニトログリセリン	①一般に爆発性があるため、消火は**困難**である
	ニトロセルロース	①大量の**水噴霧**、**泡**消火剤（※冷却消火）、**乾燥砂**などで消火する

練習問題解説

(3)弱硝化綿はジエチルエーテルに溶けますが、強硝化綿は「溶けない」です。　正解 (3)

2-3 ニトロ化合物・ニトロソ化合物

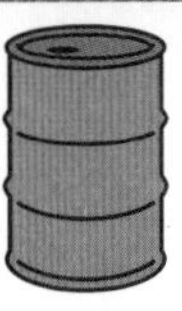

ニトロ化合物とニトロソ化合物の詳しい特性について解説します。名前が似ていますので混同しないようにしましょう。

練習問題　本テーマはこんな問題が出題されます

ピクリン酸の性状について、次のうち誤っているものはどれか。

(1)　刺激臭がある。
(2)　黄色の結晶である。
(3)　毒性がある。
(4)　水溶液は強い酸性で、金属と反応して爆発性の金属塩を生じる。
(5)　水に沈む。

▶ニトロ化合物・ニトロソ化合物とは？

ニトロ化合物とは、有機化合物の炭素原子と結合している水素原子を**ニトロ**基に置換した化合物の総称です。ここでは、ピクリン酸とトリニトロトルエンを扱い、ニトログリセリンとニトロセルロースは、**硝酸エステル類**ですので間違えないようにしましょう。

わかりました。もう 1 つのニトロソ化合物とは何ですか？

ニトロソ基をもった有機化合物のことです。化学的に**不安定**なものが多く、加熱や打撃によって爆発する恐れがあります。

表で覚える ニトロ化合物・ニトロソ化合物の分類

品目	物品名	形状	比重	水溶性
ニトロ化合物	ピクリン酸 $C_6H_2(NO_2)_3OH$	**黄**色の結晶	**1.80**	△
	トリニトロトルエン $C_6H_2(NO_2)_3CH_3$	**淡黄**色の結晶	**1.65**	＊
ニトロソ化合物	ジニトロソペンタメチレンテトラミン $C_5H_{10}N_6O_2$	**淡黄**色の粉末	**1.45**	△

＊：水には溶けず熱水には溶ける　　△：水にわずかに溶ける

ニトロ化合物とニトロソ化合物は、黄色系の固体なのですね。

はい。似た物質はまとめて覚えると忘れにくいですよ。続けて詳しい特性なども確認しましょう。何に溶ける・溶けないも要チェックです。

表で覚える ニトロ化合物・ニトロソ化合物の各種特性

品目	物品名	特性
ニトロ化合物	ピクリン酸	①水に**溶けにくい** ②**熱水**、**アルコール**、**ジエチルエーテル**、**ベンゼン**に溶ける ③無臭で苦味、**毒**性がある ④水溶液は強い酸性で、金属と反応して爆発性の**金属塩**を生じる
	トリニトロトルエン	①水に**溶けない** ②熱水、**ジエチルエーテル**、ベンゼン、アセトンに溶ける ③日光にあたると**茶褐**色になる ④金属と反応**しない** ⑤ピクリン酸よりも安定している
ニトロソ化合物	ジニトロソペンタメチレンテトラミン	①**水**、**アルコール**、**ベンゼン**、**アセトン**にわずかに溶ける ②ガソリン、ベンジンに**溶けない** ③約 **200**℃で分解して、ホルムアルデヒド、アンモニア、窒素などを生じる ④**強酸**に接触すると爆発的に分解して発火する恐れがある

表で覚える ニトロ化合物・ニトロソ化合物の貯蔵・取扱および消火方法

	物品名	内容
貯蔵・取扱方法	ピクリン酸	①**火気**、**打撃**、**衝撃**、**摩擦**を避ける ②**乾燥**すると危険性が増すので注意する ③ヨウ素、硫黄など**酸化**されやすい物質との**混合**を避ける ④**金属**製容器を避ける
	トリニトロトルエン	①**火気**、**打撃**、**衝撃**、**摩擦**を避ける ②燃焼速度が速く、爆発すると被害が大きくなるため取扱う際は注意が必要である ③水で**湿らせた**状態で貯蔵する
	ジニトロソペンタメチレンテトラミン	①**火気**、**加熱**、**衝撃**、**摩擦**を避ける ②**酸**との接触を避ける ③換気のよい**冷暗所**に貯蔵する
消火方法	ピクリン酸 トリニトロトルエン	①大量の**水**で消火する ②**酸素**を含有しているため、消火は困難である
	ジニトロソペンタメチレンテトラミン	①大量の**水噴霧**、**泡**消火剤、**乾燥砂**などで消火する ②爆発的に燃焼するため、安全な場所で消火する

練習問題解説

(1)ピクリン酸は「無臭」なので誤りです。また、水溶液は強い酸性で、金属と反応して爆発性の金属塩を生じるので、容器は金属製を避ける必要があります。 正解 (1)

2-4 アゾ化合物・ジアゾ化合物

アゾ化合物とジアゾ化合物の詳しい特性を学んでいきましょう。
名前は似ていますが、特性は異なります。

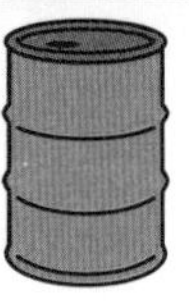

本テーマはこんな問題が出題されます

練習問題

アゾビスイソブチロニトリルの性状について、次のうち誤っているものはどれか。

(1) 熱や光で容易に分解する。
(2) 水によく溶ける。
(3) 融点以上に加熱すると有毒なガスを発生する。
(4) 水に沈む。
(5) 白色の固体である。

▶ アゾ化合物・ジアゾ化合物とは？

アゾ化合物とは、アゾ基が炭素原子と結合している化合物の総称です。ここでは、アゾビスイソブチロニトリルについて解説します。

似た品目名で、ジアゾ化合物とは何ですか？

ジアゾ基が炭素原子と結合している化合物の総称です。反応性に富む化合物で、ここではジアゾジニトロフェノールを扱います。

表で覚える アゾ化合物・ジアゾ化合物の分類

品目	物品名	形状	比重	水溶性
アゾ化合物	アゾビスイソブチロニトリル $[C(CH_3)_2CN]_2N_2$	白色の固体	1.1	△
ジアゾ化合物	ジアゾジニトロフェノール $C_6H_2N_4O_5$	黄色の不定形粉末	1.6	△

△：水にわずかに溶ける

どちらも、比重が1より大きくて水には溶けにくいのですね。ほかにはどんな特性がありますか？

たとえばアゾ化合物は、加熱により有毒なシアンガス（青酸ガス）を発生します。次ページの上表で確認していきましょう！

表で覚える　アゾ化合物・ジアゾ化合物の各種特性

品目	物品名	特性
アゾ化合物	アゾビスイソブチロニトリル	①水に**溶けにくい** ②**アルコール**、**ジエチルエーテル**に溶ける ③融点以上に加熱すると、窒素と有毒な**シアンガス**を発生する ④**熱**や**光**で容易に分解する
ジアゾ化合物	ジアゾジニトロフェノール	①水には**ほとんど溶けない** ②**アセトン**、**酢酸**に溶ける ③燃焼現象は**爆ごう**を起こしやすい ④光にあたると**褐**色に変色する

ジアゾジニトロフェノールの特性にある爆ごうとは何ですか？

爆ごうとは、爆発的に燃焼するときに、火炎の伝播（でんぱ）速度が**音速**を超える現象で、**衝撃波**を伴いながら燃焼します。

なるほど。危険ですね。消火方法なども教えてください！

下の表を確認しておきましょう。爆ごうを起こす恐れがあるため、貯蔵・取扱いには注意が必要で、アゾ化合物は**注水**消火できますが、ジアゾ化合物の消火は困難です。

表で覚える　アゾビスイソブチロニトリル・ジアゾジニトロフェノールの貯蔵・取扱および消火方法

	物品名	内容
貯蔵・取扱方法	アゾビスイソブチロニトリル	①**火気**、**直射日光**を避ける ②分解すると窒素と有毒な**シアンガス**を発生するため、容器は**密封**する ③換気のよい**冷暗所**で貯蔵する ④ほかの可燃物との**接触**を避ける
	ジアゾジニトロフェノール	①**火気**、**打撃**、**衝撃**、**摩擦**を避ける ②水または**水**と**アルコール**の混合液に浸して保存する（常温でこれらの液に浸しておけば起爆しない）
消火方法	アゾビスイソブチロニトリル	①大量の**水**で**冷却**消火する
	ジアゾジニトロフェノール	①一般に消火は困難である

練習問題解説

(2)アゾビスイソブチロニトリルは、水に「溶けにくい」ので誤りです。また、アルコールやジエチルエーテルには溶けることも覚えておきましょう。

正解　(2)

2-5

ヒドラジンの誘導体・ヒドロキシルアミン

ヒドラジンの誘導体とヒドロキシルアミンの詳しい特性を解説します。基本性状は似ています。

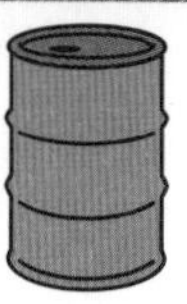

練習問題

本テーマはこんな問題が出題されます

硫酸ヒドラジンの性状について、次のうち誤っているものはどれか。

(1) 白色の結晶である。
(2) アルコールには溶けない。
(3) 水に沈む。
(4) 還元性が強く、酸化されやすい。
(5) 温水にはよく溶けて、水溶液は強いアルカリ性を示す。

▶ヒドラジンの誘導体・ヒドロキシルアミンとは？

ヒドラジンの誘導体とは、ヒドラジンをもとに生成された化合物の総称です。ヒドラジンは、無色の油状液体で、強い還元性を示します。ここでは、硫酸ヒドラジンについて解説していきます。

ヒドロキシルアミンとは何ですか？

アンモニアの水素原子１個がヒドロキシ基に置換した無機化合物です。基本性状を下表で確認しましょう。

表で覚える ヒドラジンの誘導体・ヒドロキシルアミンの分類

品目	物品名	形状	比重	水溶性
ヒドラジンの誘導体	硫酸ヒドラジン $NH_2NH_2 \cdot H_2SO_4$	白色の結晶	1.37	△
ヒドロキシルアミン	ヒドロキシルアミン NH_2OH	白色の結晶	1.20	○

○：水に溶ける　△：水にわずかに溶ける

どちらも形状が同じですね。

▶ヒドラジンの誘導体・ヒドロキシルアミンの詳しい特性をチェック！

次に、ヒドラジンの誘導体とヒドロキシルアミンの詳しい特性について学んでいきましょう。

よろしくお願いします！

表で覚える ヒドラジンの誘導体・ヒドロキシルアミンの各種特性

品目	物品名	特性
ヒドラジンの誘導体	硫酸ヒドラジン	①**冷水**にはあまり溶けないが、**温水**にはよく溶けて、水溶液は強い**酸**性を示す ②アルコールに**溶けない** ③還元性が強く、**酸化**されやすい
ヒドロキシルアミン	ヒドロキシルアミン	①**水**、**アルコール**によく溶ける ②水溶液は**弱アルカリ**性を示す ③**潮解**性がある ④蒸気は空気より**重い** ⑤半導体の洗浄剤や農薬の原料として使用される

ヒドロキシルアミンの蒸気は空気より重いとありますが、この特性によって考えられる危険性はありますか？

あります。蒸気が空気より重いと足元に滞留してしまい、燃焼した際に炎が広がりやすくなってしまいます。貯蔵・取扱および消火方法についても表にまとめたので見てください。

表で覚える 硫酸ヒドラジン・ヒドロキシルアミンの貯蔵・取扱および消火方法

	物品名	内容
貯蔵・取扱方法	硫酸ヒドラジン	①**火気**、**アルカリ**、**可燃物**、**直射日光**、**酸化剤**を避ける ②**冷暗所**で貯蔵する ③ポリエチレン、ポリプロピレン、**ガラス**製などの容器を使用する（金属製容器は使用しない）
	ヒドロキシルアミン	①**火気**、**高温体**を避ける ②**乾燥**した冷暗所に貯蔵する ③容器は**密栓**する ④水溶液と接触する部分には、**ガラス**、プラスチックなどヒドロキシルアミンに対して不活性なものを使用する
消火方法	硫酸ヒドラジン ヒドロキシルアミン	①大量の水で**冷却**消火する ②有毒なガスが発生するため、**防じんマスク**、保護メガネなどを着用する

練習問題解説

(5)硫酸ヒドラジンは、温水にはよく溶けて、水溶液は強いアルカリ性ではなく「酸性」を示すので誤りです。また、冷水にはあまり溶けないことも覚えておきましょう。　正解　(5)

2-6 ヒドロキシルアミン塩類

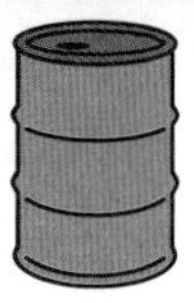

ヒドロキシルアミン塩類の詳しい特性を学んでいきましょう。
硫酸と塩酸の２種類があります。

練習問題　本テーマはこんな問題が出題されます

硫酸ヒドロキシルアミンの性状について、次のうち誤っているものはどれか。

(1)　アルコールによく溶ける。
(2)　潮解性がある。
(3)　水溶液は強い酸性で金属を腐食する。
(4)　還元性が強く、酸化剤、金属粉末、硝酸塩と激しく反応する。
(5)　白色の結晶である。

▶ ヒドロキシルアミン塩類とは？

ヒドロキシルアミン塩類は、ヒドロキシルアミンと酸との中和反応によって生じる化合物の総称です。

152～153ページで学んだヒドロキシルアミンからできているのですね。

その通りです。そのため、ヒドロキシルアミンと同様の危険性があります。ヒドロキシルアミン塩類に該当する危険物を下表で確認しましょう。

表で覚える ヒドロキシルアミン塩類の分類

物品名	形状	比重	水溶性
硫酸ヒドロキシルアミン $H_2SO_4 \cdot (NH_2OH)_2$	白色の結晶	1.90	○
塩酸ヒドロキシルアミン $HCl \cdot NH_2OH$	白色の結晶	1.67	○

○：水に溶ける

どちらも白色の結晶で水に溶けます。

形状が似ているんですね。

▶ ヒドロキシルアミン塩類の詳しい特性をチェック！

続いて、ヒドロキシルアミン塩類の詳しい特性を学んでいきましょう。

よろしくお願いします！

表で覚える ヒドロキシルアミン塩類の各種特性

物品名	特性
硫酸 ヒドロキシルアミン	①水に**溶ける** ②**アルコール類**にはほとんど溶けない ③水溶液は強い酸性で、金属を**腐食**する ④**潮解**性がある ⑤**還元**性が強く、酸化剤、金属粉末、硝酸塩と激しく反応する
塩酸 ヒドロキシルアミン	①水に**溶ける** ②**メタノール**、**エタノール**にはわずかに溶ける ③水溶液は強い酸性で金属を**腐食**する ④融点では**分解**しながら融解する

どちらの物質も水に溶けて、水溶液は強い酸性です

火災の危険性があるだけではないのですね。

そうですね。強い**還元**性や**腐食**性など、さまざまな危険性があるので、特性の理解が非常に重要です。

そうなると、貯蔵方法にはどんな注意点がありますか？

貯蔵方法では、鉄製容器に貯蔵すると腐食してしまうので、ガラス製の容器などを使用します。下表で確認しましょう。

しっかりと覚えます！

表で覚える ヒドロキシルアミン塩類の貯蔵・取扱および消火方法

	内容
貯蔵・取扱方法	①**火気**、**高温体**との接触を避ける ②**乾燥**状態を保つ ③ガラス容器などの**耐腐食**性容器に密栓する ④**冷暗所**に貯蔵する ⑤クラフト紙袋に入れて流通することもある
消火方法	①大量の**水**で**冷却**消火する ②水噴霧、泡消火剤、**乾燥砂**などを使用する ③**防じんマスク**、保護メガネなどを着用する

練習問題解説

(1)硫酸ヒドロキシルアミンは、水には溶けますが、アルコール類には「ほとんど溶けない」ので誤りです。水溶液は強い酸性で、金属を腐食することも覚えておきましょう。 正解 (1)

2-7 その他のもので政令で定めるもの

その他のもので政令で定めるものの詳しい特性を解説します。
該当する物品は２種類あります。

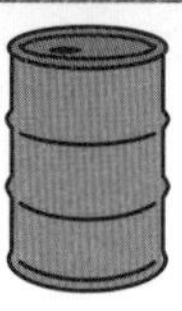

練習問題　本テーマはこんな問題が出題されます

アジ化ナトリウムの性状について、次のうち誤っているものはどれか。

(1)　無色の固体である。
(2)　水があると重金属と反応して爆発性のアジ化物を生じる。
(3)　燃焼すると水酸化ナトリウムの黒煙を発生する。
(4)　水に溶ける。
(5)　徐々に加熱すると、窒素と金属ナトリウムに分解する。

▶その他のもので政令で定めるものとは？

第５類では、その他のもので政令で定めるものとして、金属のアジ化物と硝酸グアニジンなどが危険物に定められています。

金属のアジ化物とは何ですか？

アジ化水素の水素が金属によって置換された化合物の総称です。アジ化ナトリウムについて解説します。

表で覚える　**その他のもので政令で定めるものの分類**

物品名	形状	比重	水溶性
アジ化ナトリウム NaN_3	無色の板状結晶	1.85	○
硝酸グアニジン $CH_6N_4O_3$	白色の結晶	1.44	○

○：水に溶ける

どちらも水溶性なのですね。ほかにどんな特性がありますか？

次ページの表で詳しい特性と貯蔵方法などを確認しましょう。

アジ化ナトリウムは重金属との反応で爆発性のアジ化物を生じるのですね。

はい。このアジ化物は、わずかな衝撃で爆発しやすい危険な物質です。そのためアジ化ナトリウムは、重金属と一緒に貯蔵してはいけません。また、第５類危険物の大部分が分子内に酸素を含んでいますが、アジ化ナトリウムは分子内に酸素を含んでいない物質です。

表で覚える その他のもので政令で定めるものの各種特性

物品名	特性
アジ化ナトリウム	①水に**溶ける**が、エタノールに**溶けにくい** ②ジエチルエーテルに**溶けない** ③徐々に加熱すると、窒素と**金属ナトリウム**に分解する（**金属ナトリウム**は禁水性なので注水厳禁） ④急激に加熱すると、激しく**分解**して爆発する恐れがある ⑤燃焼すると水酸化ナトリウムの**白煙**を発生する ⑥**毒**性が強い ⑦水があると重金属と反応して爆発性の**アジ化物**を生じる
硝酸グアニジン	①水、アルコールに溶ける ②強い**酸化剤**である ③急激に加熱すると、激しく**分解**して爆発する恐れがある ④**有毒**である ⑤自動車の**エアバッグ**に使用される

表で覚える アジ化ナトリウム・硝酸グアニジンの貯蔵・取扱および消火方法

	物品名	内容
貯蔵・取扱方法	アジ化ナトリウム	①**重金属**と一緒に貯蔵しない ②**ポリエチレン**、**ポリプロピレン**、**ガラス**製の容器を使用する ③容器は**密封**し、換気のよい**冷暗所**で貯蔵する
	硝酸グアニジン	①**加熱**、**衝撃**を避ける ②可燃物や引火性物質とは隔離して貯蔵する ③容器は**密栓**し、**冷暗所**に貯蔵する
消火方法	アジ化ナトリウム	①**乾燥砂**などで消火する ②熱分解によって禁水性の金属ナトリウムを生成するため、**注水厳禁**である
	硝酸グアニジン	①大量の**水**で**冷却**消火する ②**泡**消火剤、**乾燥砂**などを使用する

どちらも毒性のある危険な物品です。
消火の際は防じんマスクや保護メガネなどを着用しましょう

練習問題解説

(3)アジ化ナトリウムは、燃焼すると水酸化ナトリウムの黒煙ではなく「白煙」を発生するので誤りです。また、物質内に酸素を含んでいないという特徴も重要です。

正解 (3)

第５類危険物の各種特性

第５章

要点をチェック！　まとめ②

第５類危険物の各種特性に関するまとめです。それぞれにどんな違いがあるかを理解しながら知識を身につけましょう。

表で覚える 第５類危険物の基本性状①　2-1 ～ 2-4

品目	物品名	形状	比重
有機過酸化物	過酸化ベンゾイル $(C_6H_5CO)_2O_2$	白色の粒状結晶	1.3
	エチルメチルケトンパーオキサイド	無色透明の油状	1.1
	過酢酸 CH_3COOOH	無色の液体	1.2
硝酸エステル類	硝酸メチル CH_3NO_3	無色透明の液体	1.2
	硝酸エチル $C_2H_5NO_3$	無色透明の液体	1.1
	ニトログリセリン $C_3H_5(ONO_2)_3$	無色透明の油状	1.6
	ニトロセルロース	白色の綿状または紙状	1.7
ニトロ化合物	ピクリン酸 $C_6H_2(NO_2)_3OH$	黄色の結晶	1.80
	トリニトロトルエン $C_6H_2(NO_2)_3CH_3$	淡黄色の結晶	1.65
ニトロソ化合物	ジニトロソペンタメチレンテトラミン $C_5H_{10}N_6O_2$	淡黄色の粉末	1.45
アゾ化合物	アゾビスイソブチロニトリル $[C(CH_3)_2CN]_2N_2$	白色の固体	1.1
ジアゾ化合物	ジアゾジニトロフェノール $C_6H_2N_4O_5$	黄色の不定形粉末	1.6

第５類危険物は、無色、白色、または黄色（淡黄色）の液体または固体です。ニトロセルロースのみ、「綿状または紙状の固体」という特徴的な形状があります。綿の塊、または濡れたティッシュを握りつぶしたように見えます

表で覚える 第５類危険物の基本性状② 2-5 ～ 2-7

品目	物品名	形状	比重
ヒドラジンの誘導体	硫酸ヒドラジン $NH_2NH_2 \cdot H_2SO_4$	白色の結晶	1.37
ヒドロキシルアミン	ヒドロキシルアミン NH_2OH	白色の結晶	1.20
ヒドロキシルアミン塩類	硫酸ヒドロキシルアミン $H_2SO_4 \cdot (NH_2OH)_2$	白色の結晶	1.90
	塩酸ヒドロキシルアミン $HCl \cdot NH_2OH$	白色の結晶	1.67
その他のもので政令で定めるもの	アジ化ナトリウム NaN_3	無色の板状結晶	1.85
	硝酸グアニジン $CH_6N_4O_3$	白色の結晶	1.44

表で覚える 第５類危険物の基本性状③・水溶性別 2-1 ～ 2-7

水に溶ける	水にわずかに溶ける	水に溶けない
過酢酸 **ヒドロキシルアミン** 硫酸ヒドロキシルアミン **塩酸ヒドロキシルアミン** アジ化ナトリウム **硝酸グアニジン**	**硝酸メチル** 硝酸エチル **ニトログリセリン** ピクリン酸 **ジニトロソペンタメチレンテトラミン** アゾビスイソブチロニトリル **ジアゾジニトロフェノール** 硫酸ヒドラジン	過酸化ベンゾイル **エチルメチルケトンパーオキサイド** ニトロセルロース **トリニトロトルエン**

液体なのに水にわずかにしか溶けないもの、結晶でも水に溶けるもの、溶けないもの、さまざまです

知識を定着！　復習問題

これまでに学んだ知識を、復習問題に取り組むことでしっかり定着させましょう。間違えた問題は解説を読んで復習し、正解するまで取り組んでください。しっかりと知識が定着したら、予想模擬試験にチャレンジしましょう！

問１ エチルメチルケトンパーオキサイドの性状について、次のうち誤っているものはどれか。

(1) 自然分解の傾向がある。
(2) 無色透明の油状液体である。
(3) 特有の臭気がある。
(4) 水に溶けない。
(5) 30℃以下では酸化鉄と反応しない。

問２ 過酢酸の性状について、次のうち誤っているものはどれか。

(1) 無色の液体である。
(2) 有毒で無臭である。
(3) ジエチルエーテルに溶ける。
(4) 引火性がある。
(5) 強い酸化作用がある。

問３ 硝酸メチルの性状について、次のうち誤っているものはどれか。

(1) 無色透明の液体である。
(2) 水に溶けにくい。
(3) ジエチルエーテルに溶けない。
(4) 芳香、甘みがある。
(5) 比重は１より大きい。

問４ ニトログリセリンの性状について、次のうち誤っているものはどれか。

(1) 有機溶剤に溶ける。
(2) 8℃で凍結し、凍結すると安定する。
(3) 有毒で甘みがある。
(4) 無色透明の油状液体である。
(5) ダイナマイトの原料である。

問5 トリニトロトルエンの性状について、次のうち誤っているものはどれか。

(1) 無色の結晶である。
(2) 金属と反応しない。
(3) 日光にあたると茶褐色になる。
(4) ベンゼンに溶ける。
(5) 水に溶けない。

問6 ジニトロソペンタメチレンテトラミンの性状について、次のうち誤っているものはどれか。

(1) ガソリンに溶けない。
(2) アセトンにわずかに溶ける。
(3) 約200℃で分解して、ホルムアルデヒド、アンモニア、窒素を生じる。
(4) 強酸と反応しない。
(5) 淡黄色の粉末である。

問7 ジアゾジニトロフェノールの性状について、次のうち誤っているものはどれか。

(1) 水にほとんど溶けない。
(2) 酢酸に溶ける。
(3) 燃焼現象は爆ごうを起こしやすい。
(4) 黄色の不定形粉末である。
(5) 光にあたると白色に変色する。

問8 ヒドロキシルアミンの性状について、次のうち誤っているものはどれか。

(1) 白色の結晶である。
(2) 比重は1より大きい。
(3) 水溶液は酸性を示す。
(4) 潮解性がある。
(5) 蒸気は空気より重い。

問9 塩酸ヒドロキシルアミンの性状について、次のうち誤っているものはどれか。

(1) 融点では分解しながら融解する。
(2) 比重は1より小さい。
(3) 白色の結晶である。
(4) エタノールにわずかに溶ける。
(5) 水溶液は強い酸性で金属を腐食する。

問 10 硝酸グアニジンの性状について、次のうち誤っているものはどれか。

(1) 白色の結晶である。
(2) 水に溶ける。
(3) 強力な還元剤である。
(4) 有毒である。
(5) 急激に加熱すると、激しく分解して爆発する恐れがある。

解答 & 解説

問 1

エチルメチルケトンパーオキサイドは、30℃以下でも酸化鉄、ボロ布、アルカリなどと接触すると分解するので誤りです。本問に限らず、30℃以下で反応するかどうかについてはよく問われます。また、水に溶けませんが、ジエチルエーテルには溶けます。

正解 (5)

問 2

過酢酸は、有毒で無臭ではなく、強い刺激臭があるので誤りです。また、多くの金属を侵して、皮膚や粘膜を刺激するので注意しましょう。加熱すると分解して刺激性の煙とガスを発生し、110℃で爆発するという特性もあるので火気、加熱を避けて貯蔵しましょう。

正解 (2)

問 3

硝酸メチルは、ジエチルエーテルに溶けないのではなく、溶けるので誤りです。アルコールにも溶けます。また、硝酸メチルは、硝酸の水素原子をアルキル基に置換した化合物の総称である硝酸エステル類です。自然分解して酸化窒素が発生し、自然発火する恐れがあるため、貯蔵する際に注意が必要です。

正解 (3)

問 4

ニトログリセリンは8℃で凍結し、凍結すると安定するのではなく、危険性が増すので誤りです。また、水にほとんど溶けませんが、有機溶剤に溶けます。ニトログリセリンは、ダイナマイトの原料として使用され、火薬庫で貯蔵します。箱や床にあふれたときは、水酸化ナトリウムのアルコール溶液を注いで分解し、布などで拭き取ります。

正解 (2)

問 5

トリニトロトルエンは無色ではなく、淡黄色の結晶なので誤りです。水には溶けませんが、熱水、ジエチルエーテル、ベンゼン、アセトンに溶けます。また、燃焼速度が速く、爆発すると被害が大きくなるため、取扱う際は注意が必要です。水で湿らせた状態で貯蔵することも大事なポイントです。

正解 (1)

問 6

ジニトロソペンタメチレンテトラミンは、強酸と反応しないのではなく、強酸に接触すると爆発的に分解して発火する恐れがあるので誤りです。そのため、酸との接触を避け、換気のよい冷暗所に貯蔵する必要があります。また、水、アルコール、ベンゼン、アセトンにわずかに溶けて、ガソリン、ベンジンには溶けません。

正解 (4)

問 7

ジアゾジニトロフェノールは、黄色の不定形粉末で、光にあたると白色ではなく、褐色に変化するので誤りです。水にはほとんど溶けませんが、アセトン、酢酸に溶けます。水または水とアルコールの混合液に浸すと起爆しません。燃焼すると、一般に消火は困難なので、貯蔵や取扱いの際には注意が必要です。

正解 (5)

問 8

ヒドロキシルアミンの水溶液は酸性ではなく、弱アルカリ性を示します。蒸気は空気より重いので足元に滞留してしまい、燃焼した際に炎が広がりやすくなってしまいます。容器は密栓して、乾燥した冷暗所に貯蔵しましょう。また、水溶液と接触する部分には、ガラス、プラスチックなど、ヒドロキシルアミンに対して不活性なものを使用する必要があります。

正解 (3)

問 9

塩酸ヒドロキシルアミンの比重は 1 より小さいのではなく、大きいので誤りです。水溶液は強い酸性で金属を腐食するので、ガラス容器などの耐腐食性容器に密栓し、冷暗所で貯蔵します。乾燥状態を保ち、火気、高温体との接触を避ける必要があり、燃焼した際は大量の水で冷却消火します。

正解 (2)

問 10

硝酸グアニジンは、強力な還元剤ではなく、酸化剤なので誤りです。自動車のエアバッグに使用され、急激に加熱すると激しく分解して爆発する恐れがあります。可燃物や引火性物質とは隔離し、容器は密栓して冷暗所で貯蔵しましょう。燃焼した際は、大量の水による注水消火が適しています。

正解 (3)

間違えた問題はチェックしておき、試験直前期に見直すようにしましょう

第5類危険物

1回目：　／　2回目：　／

一問一答・チャレンジ問題！

これまでに学んだ知識が身についているかを、一問一答形式の問題で確認しましょう。付属の赤シートを紙面に重ね、隠れた文字（赤字部分）を答えていってください。赤字部分は合格に必須な重要単語です。試験直前もこの一問一答でしっかり最終チェックをしていきましょう！

重要度：☆☆＞☆＞無印

□□ **1** ☆☆ 第5類危険物は、**自己反応**性物質の集まりである。 (1-1 参照)

□□ **2** ☆ 第5類危険物は、いずれも可燃性で、比重は1より**大きい**。 (1-1 参照)

□□ **3** ☆☆ 第5類危険物は、大部分が分子内に**酸素**を含んでおり、いずれも燃焼速度が**速い**。 (1-1 参照)

□□ **4** ☆ 第5類危険物は、大部分が加熱、**衝撃**、摩擦により発火して爆発する恐れがある。 (1-1 参照)

□□ **5** ☆ 有機過酸化物には、**過酸化ベンゾイル**、エチルメチルケトンパーオキサイド、過酢酸が分類される。 (1-2 参照)

□□ **6** ☆ 硝酸エステル類には、**硝酸メチル**、硝酸エチル、ニトログリセリン、ニトロセルロースが分類される。 (1-2 参照)

□□ **7** ☆ ニトロ化合物には、**ピクリン酸**、トリニトロトルエンが分類される。 (1-2 参照)

□□ **8** ☆ ニトロソ化合物には、**ジニトロソペンタメチレンテトラミン**が分類される。 (1-2 参照)

□□ **9** ☆ アゾ化合物には、**アゾビスイソブチロニトリル**が分類される。 (1-2 参照)

□□ **10** ☆ ジアゾ化合物には、**ジアゾジニトロフェノール**が分類される。 (1-2 参照)

□□ **11** ☆ ヒドラジンの誘導体には、**硫酸ヒドラジン**が分類される。 (1-2 参照)

□□ **12** ☆ ヒドロキシルアミン塩類には、**硫酸ヒドロキシルアミン**、塩酸ヒドロキシルアミンが分類される。 (1-2 参照)

□□ **13** ☆ その他のもので政令で定めるものには、**アジ化ナトリウム**、硝酸グアニジンが分類される。 (1-2 参照)

□□ **14** 第５類危険物は、火気、**加熱**、衝撃、摩擦を避け、分解しやすい物質は、特に室温、**湿気**、風通しに注意する。 (1-2 参照)

□□ **15** ☆ 第５類危険物は、エチルメチルケトンパーオキサイド以外は容器を**密栓**して、**風通し**のよい冷暗所で貯蔵する。 (1-2 参照)

□□ **16** ☆ 第５類危険物は、爆発的に燃焼するため、一般に消火は**困難**である。 (1-2 参照)

□□ **17** ☆☆ アジ化ナトリウム以外は、大量の**水**で冷却消火するか、泡消火剤を使用する。 (1-2 参照)

□□ **18** ☆☆ アジ化ナトリウムは、燃焼によって禁水性である**金属ナトリウム**を生じるため、乾燥砂などで**窒息**消火する。注水は厳禁である。 (1-2 参照)

□□ **19** ☆☆ 過酸化ベンゾイルは、**白**色の粒状結晶で、**水**、エタノールに溶けず、ジエチルエーテルや**ベンゼン**などの有機溶剤に溶ける。 (2-1 参照)

□□ **20** ☆☆ 過酸化ベンゾイルは、常温（20℃）では安定しているが、**100**℃前後で分解して有毒ガスを生じる。 (2-1 参照)

□□ **21** ☆ エチルメチルケトンパーオキサイドは、**無色透明**の油状で、**水**に溶けないが、**ジエチルエーテル**に溶ける。 (2-1 参照)

□□ **22** ☆ エチルメチルケトンパーオキサイドは、30℃以下でも酸化鉄、ボロ布などと接触すると**分解**する。 (2-1 参照)

□□ **23** ☆ 過酢酸は、**無**色の液体で、水、アルコール、**ジエチルエーテル**、硫酸によく溶ける。 (2-1 参照)

□□ 24　過酢酸は、加熱すると分解して刺激性の煙とガスを発生し、**110**℃で爆発する。(2-1 参照)

□□ 25 ☆ 硝酸メチルは、**無色透明**の液体で、比重は 1 より大きい。(2-2 参照)

□□ 26　硝酸メチルは、**水**に溶けにくく、アルコール、**ジエチルエーテル**に溶ける。(2-2 参照)

□□ 27　硝酸エチルは、**無色透明**の液体で、比重は 1 より大きい。(2-2 参照)

□□ 28　硝酸エチルは、**水**に溶けにくく、アルコール、**ジエチルエーテル**に溶ける。(2-2 参照)

□□ 29 ☆ ニトログリセリンは、**無色透明**の油状で、**水**にほとんど溶けず、**有機溶剤**に溶ける。(2-2 参照)

□□ 30 ☆ ニトログリセリンは、**8**℃で凍結し、凍結すると危険性が増す。(2-2 参照)

□□ 31 ☆☆ ニトロセルロースは、**白**色の綿状または紙状で、窒素含有量の大小によって弱硝化綿と強硝化綿に分けられる。(2-2 参照)

□□ 32 ☆☆ **弱硝化綿**はジエチルエーテルとアルコールに溶けてコロジオンになるが、**強硝化綿**は溶けない。(2-2 参照)

□□ 33 ☆☆ ピクリン酸は、**黄**色の結晶で、**水**に溶けにくいが、熱水、アルコール、ジエチルエーテル、**ベンゼン**に溶ける。(2-3 参照)

□□ 34 ☆☆ ピクリン酸の水溶液は、強い酸性で金属と反応して爆発性の**金属塩**を生じる。(2-3 参照)

□□ 35 ☆ トリニトロトルエンは、**淡黄**色の結晶で、**水**に溶けないが、熱水、**ジエチルエーテル**、ベンゼン、アセトンに溶ける。(2-3 参照)

□□ 36　トリニトロトルエンは、日光にあたると**茶褐**色になる。(2-3 参照)

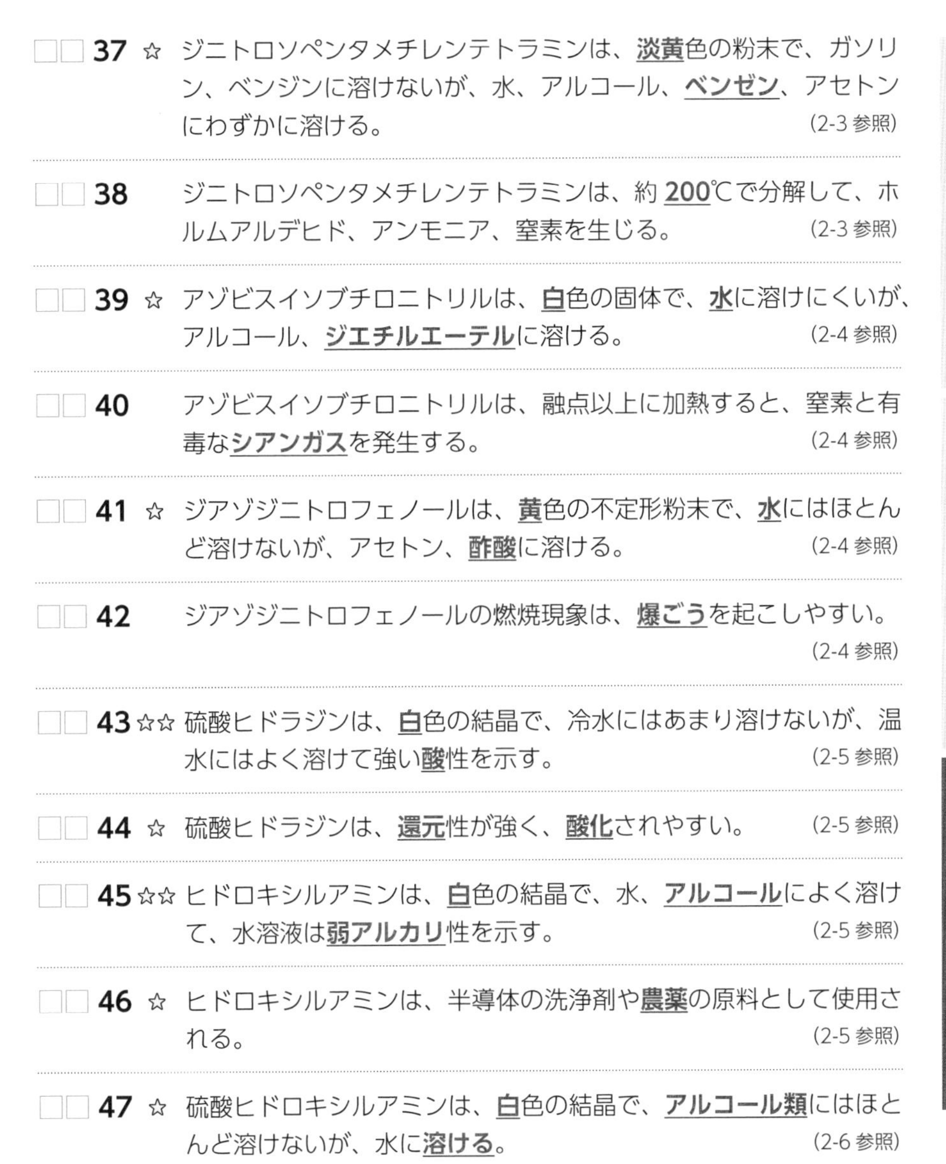

□□ **37** ☆ ジニトロソペンタメチレンテトラミンは、**淡黄**色の粉末で、ガソリン、ベンジンに溶けないが、水、アルコール、**ベンゼン**、アセトンにわずかに溶ける。 (2-3 参照)

□□ **38** ジニトロソペンタメチレンテトラミンは、約 **200**℃で分解して、ホルムアルデヒド、アンモニア、窒素を生じる。 (2-3 参照)

□□ **39** ☆ アゾビスイソブチロニトリルは、**白**色の固体で、**水**に溶けにくいが、アルコール、**ジエチルエーテル**に溶ける。 (2-4 参照)

□□ **40** アゾビスイソブチロニトリルは、融点以上に加熱すると、窒素と有毒な**シアンガス**を発生する。 (2-4 参照)

□□ **41** ☆ ジアゾジニトロフェノールは、**黄**色の不定形粉末で、**水**にはほとんど溶けないが、アセトン、**酢酸**に溶ける。 (2-4 参照)

□□ **42** ジアゾジニトロフェノールの燃焼現象は、**爆ごう**を起こしやすい。 (2-4 参照)

□□ **43** ☆☆ 硫酸ヒドラジンは、**白**色の結晶で、冷水にはあまり溶けないが、温水にはよく溶けて強い**酸**性を示す。 (2-5 参照)

□□ **44** ☆ 硫酸ヒドラジンは、**還元**性が強く、**酸化**されやすい。 (2-5 参照)

□□ **45** ☆☆ ヒドロキシルアミンは、**白**色の結晶で、水、**アルコール**によく溶けて、水溶液は**弱アルカリ**性を示す。 (2-5 参照)

□□ **46** ☆ ヒドロキシルアミンは、半導体の洗浄剤や**農薬**の原料として使用される。 (2-5 参照)

□□ **47** ☆ 硫酸ヒドロキシルアミンは、**白**色の結晶で、**アルコール類**にはほとんど溶けないが、水に**溶ける**。 (2-6 参照)

☆☆の問題は、特に重要です。試験本番でも確実に正解できるように、直前期などにしっかりと見直しておきましょう

□□ **48** 硫酸ヒドロキシルアミンは、**還元**性が強く、酸化剤、金属粉末、硝酸塩と激しく反応する。 (2-6 参照)

□□ **49** ☆ 塩酸ヒドロキシルアミンは、**白**色の結晶で、水に**溶け**て、水溶液は強い酸性で金属を**腐食**する。 (2-6 参照)

□□ **50** 塩酸ヒドロキシルアミンは、融点で**分解**しながら融解する。 (2-6 参照)

□□ **51** ☆☆ アジ化ナトリウムは、**無**色の板状結晶で、**ジエチルエーテル**に溶けないが、水に**溶ける**。 (2-7 参照)

□□ **52** ☆☆ アジ化ナトリウムは、徐々に加熱すると、窒素と禁水性の**金属ナトリウム**に分解する。 (2-7 参照)

□□ **53** ☆☆ アジ化ナトリウムは、水があると重金属と反応して爆発性の**アジ化物**を生じる。 (2-7 参照)

□□ **54** ☆ 硝酸グアニジンは、**白**色の結晶で、**水**、アルコールに溶ける。 (2-7 参照)

□□ **55** 硝酸グアニジンは、急激に加熱すると、激しく**分解**して爆発する恐れがある。 (2-7 参照)

テキスト、練習問題、復習問題、一問一答の学習、お疲れさまでした。巻末の予想模擬試験にもトライしてみましょう！

第6章

第6類危険物

この章では、第6類危険物の性質、貯蔵・取扱・消火方法について解説します。第6類危険物は酸化性液体の集まりで、自身は不燃性で、燃焼のサポートをするのが特徴です。しっかり学習しましょう！

Contents

1-1

第６類危険物の共通特性

第６類危険物の共通特性について学んでいきましょう。自身は不燃性ですが、可燃物の燃焼を促進します。

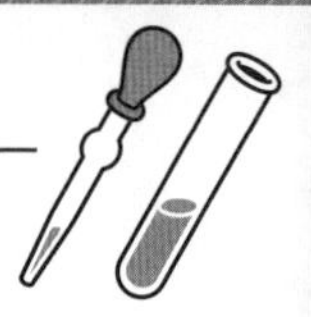

本テーマはこんな問題が出題されます

練習問題

第６類危険物の性状について、次のうち誤っているものはどれか。

(1)　いずれも比重が１より大きい。
(2)　いずれも不燃性である。
(3)　いずれも液体である。
(4)　いずれも有毒な蒸気を発生する。
(5)　いずれも酸化性である。

▶第６類危険物とは？

第６類危険物は、**酸化性液体**の集まりです。

液体はイメージできますが、**酸化**性とは何ですか？

酸化性とは、自身は燃えないけれども、混合するほかの可燃物の燃焼を促進する性質のことです。

難しいですね……。

簡単にいうと「燃焼のサポート役」のようなものです。

図で覚える 第６類危険物の特徴

第6類危険物  酸化性  液体

▶第６類危険物の共通特性をチェック！

ほかにも第６類危険物に共通する特性はありますか？

もちろん、ありますよ。共通する特性を覚えておくことで各種特性も覚えやすいです。次ページの表でしっかりおさえておきましょう。

わかりました！

「すべて」に共通するものと「大部分」に共通するものがあります。

表で覚える 第６類危険物のすべてに共通する特性など

範囲	特性
すべて	・**不燃**性である ・**液体**である ・比重は１より**大きい** ・**酸化力**が強く、可燃物や有機物を**酸化**させる ・**腐食**性があり、皮膚を侵す
大部分	・**有毒**な蒸気を発生する ・**刺激臭**を有する ・発熱するものが多い ・水と激しく反応して**発熱**するものもある ・**無**色である（発煙硝酸→赤色または赤褐色）

すべてにあてはまる特性と大部分にあてはまる特性があるので注意してください

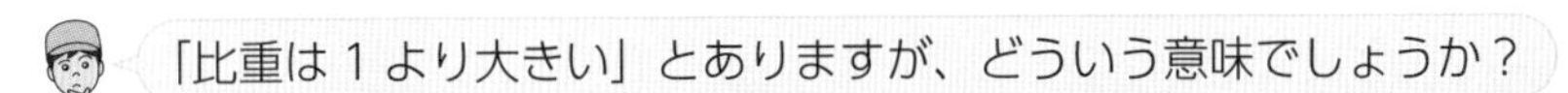

「比重は１より大きい」とありますが、どういう意味でしょうか？

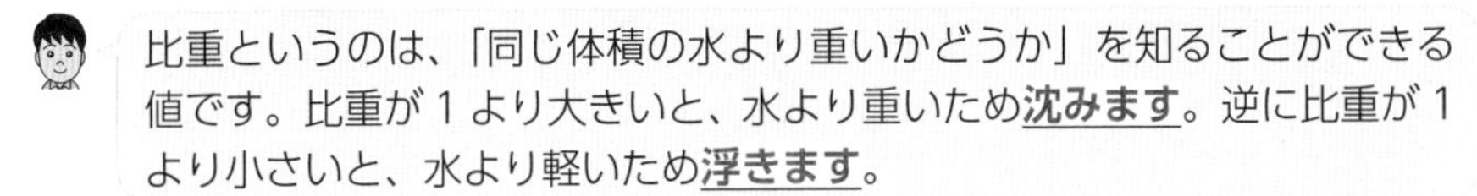

比重というのは、「同じ体積の水より重いかどうか」を知ることができる値です。比重が１より大きいと、水より重いため**沈みます**。逆に比重が１より小さいと、水より軽いため**浮きます**。

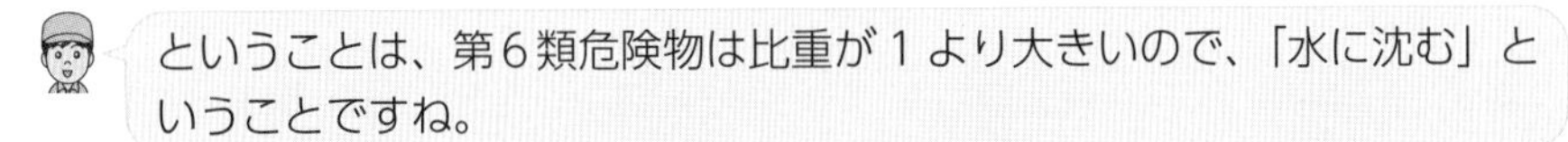

ということは、第６類危険物は比重が１より大きいので、「水に沈む」ということですね。

その通りです。例外なく比重が１より大きいのは、第１類、第５類、第６類です。覚えておきましょう。

有毒な蒸気が発生するものもあるのですね。

はい。そのため、取扱方法などにも注意が必要です。詳しくは本章の 2-1 以降で解説しますので、覚えていきましょう。

しっかりと覚えます！

練習問題解説

(4)第６類危険物の「大部分」が有毒な蒸気を発生するので誤りです。ちなみにハロゲン間化合物は、加水分解してフッ化物などの有毒な蒸気を発生させます。

正解 (4)

1-2

第6類危険物の分類と貯蔵・消火方法

第６類危険物の分類と貯蔵・消火方法について解説します。
４つに分類されますが、共通の取扱・消火方法が多いです。

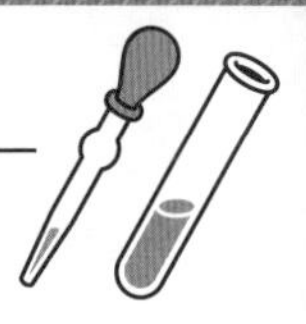

本テーマはこんな問題が出題されます

練習問題

第６類危険物の消火方法について、水系の消火剤が使用できないものは、次のうちどれか。

(1) 過塩素酸
(2) 硝酸
(3) 五フッ化臭素
(4) 発煙硝酸
(5) 過酸化水素

▶ 第６類危険物の分類などをチェック！

第６類危険物は、４つに分類されています。品目ごとに覚えると覚えやすいです。

表で覚える 第６類危険物の品目・物品名・消火方法

品目	物品名	消火方法
過塩素酸	過塩素酸	**注水**
過酸化水素	過酸化水素	**注水**
硝酸	硝酸、発煙硝酸	＊
ハロゲン間化合物	三フッ化臭素、五フッ化臭素、五フッ化ヨウ素	**粉末・乾燥砂**

＊：硝酸自体は燃焼しないので、燃焼物に適応した消火剤を使用

品目も物品名もそれほど多くないので、覚えやすそうです。貯蔵方法には、どんなポイントがありますか？

第６類危険物には、さまざまな特性がありましたね。危険物は、特性に合った方法で貯蔵・取扱いする必要があります。次ページの上表でまとめたので確認してください。第６類危険物の共通特性（170～171ページ）と見比べると理解しやすいですよ。

なぜ、取扱う際に保護具を着用しなければならないのですか？

第６類危険物は**腐食**性があり、皮膚を**腐食**するので、取扱う際は保護具を着用する必要があります。

表で覚える 第6類危険物の貯蔵・取扱方法

	貯蔵・取扱方法
①	**加熱**、**直射日光**などを避ける
②	**可燃物**、**有機物**、**酸化**されやすい物質との接触を避ける
③	**水**と反応するものは、**水**との接触を避ける
④	ほとんどの金属と反応して**腐食**させるので、**耐酸**性の容器に貯蔵する
⑤	容器は**密栓**する（**過酸化水素**は通気孔のあるフタを使用）
⑥	**風通し**のよい場所で取扱う
⑦	取扱う際は、**保護具**を着用する

消火方法は注水が多いようですが、具体的に教えてください。

下の表でまとめましたので、見てみましょう。ハロゲン間化合物のみ消火方法が異なります。

表で覚える 第6類危険物の消火方法

	消火方法
過塩素酸 過酸化水素 硝酸	①**水系の**消火剤（**水・泡・強化液**）、**粉末**消火剤（リン酸塩類）、**乾燥砂**、膨張ひる石、膨張真珠岩を使用する ②**二酸化炭素**消火剤、**ハロゲン化物**消火剤、**粉末**消火剤（炭酸水素塩類）は使用してはいけない
ハロゲン間化合物	①**粉末**消火剤（リン酸塩類）、**乾燥砂**、膨張ひる石、膨張真珠岩、ソーダ灰を使用する ②**水系の**消火剤（**水・泡・強化液**）、**二酸化炭素**消火剤、**ハロゲン化物**消火剤、**粉末**消火剤（炭酸水素塩類）は使用してはいけない

使用してよい消火方法と使用できない消火方法を間違えないように気をつけましょう

ハロゲン間化合物だけ水系の消火剤を使用してはいけないのですね。

はい。共通する点と共通しない点をおさえておきましょう。

練習問題解説

(3)五フッ化臭素は、「水と激しく反応して有毒なフッ化水素ガスを発生」するため、水系の消火剤を使用することができません。三フッ化臭素と五フッ化ヨウ素も同様の理由で使用できないので、あわせて覚えておきましょう。

正解 (3)

第6類危険物の基礎知識

要点をチェック！　まとめ①

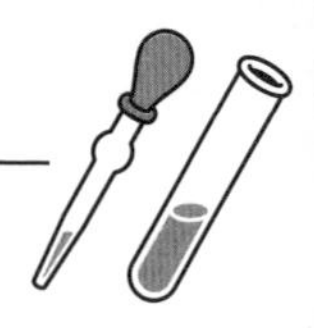

試験本番までにおさえておきたい第6類危険物の基礎知識のまとめです。しっかりと覚えましょう。

図で覚える 第6類危険物とは？　1-1

第6類危険物

酸化性

液体

表で覚える 第6類危険物のすべてに共通する特性など　1-1

範囲	特性
すべて	・**不燃**性である ・**液体**である ・比重は1より**大きい** ・**酸化力**が強く、可燃物や有機物を**酸化**させる ・**腐食**性があり、皮膚を侵す
大部分	・**有毒**な蒸気を発生する ・**刺激臭**を有する ・発熱するものが多い ・水と激しく反応して**発熱**するものもある ・**無**色である（発煙硝酸→赤色または赤褐色）

表で覚える 第6類危険物の消火方法による分類　1-2

注水消火できる
過塩素酸、過酸化水素、硝酸（※）、発煙硝酸（※）

①**水系の**消火剤（**水・泡・強化液**）、**粉末**消火剤（リン酸塩類）、**乾燥砂**、膨張ひる石、膨張真珠岩を使用
②**二酸化炭素**消火剤、**ハロゲン化物**消火剤、**粉末**消火剤（炭酸水素塩類）は使用してはいけない

※硝酸自体は燃焼しないので、燃焼物に適した消火剤を使用

注水消火できない＝粉末・乾燥砂
ハロゲン間化合物（三フッ化臭素、五フッ化臭素、五フッ化ヨウ素）

①**粉末**消火剤（リン酸塩類）、**乾燥砂**、膨張ひる石、膨張真珠岩、ソーダ灰を使用
②**水系の**消火剤（**水・泡・強化液**）、二酸化炭素消火剤、ハロゲン化物消火剤、粉末消火剤（炭酸水素塩類）は使用してはいけない

第6類危険物の中でも、ハロゲン間化合物の消火方法は、ほかの物品と異なります。混同しないように注意しましょう

表で覚える 第6類危険物の貯蔵・取扱方法　1-2

	貯蔵・取扱方法
①	**加熱**、**直射日光**などを避ける
②	**可燃物**、**有機物**、**酸化**されやすい物質との接触を避ける
③	**水**と反応するものは、**水**との接触を避ける
④	ほとんどの金属と反応して**腐食**させるので、**耐酸**性の容器に貯蔵する
⑤	容器は**密栓**する（**過酸化水素**は通気孔のあるフタを使用）
⑥	**風通し**のよい場所で取扱う
⑦	取扱う際は、**保護具**を着用する

第6類危険物は腐食性があるため、取扱う際は保護具を着用する必要があります

知識を定着！　復習問題

これまでに学んだ知識を、復習問題に取り組むことでしっかり定着させましょう。間違えた問題は解説を読んで復習し、正解するまで取り組んでください。しっかりと知識が定着したら、予想模擬試験にチャレンジしましょう！

問1 第6類危険物の性状について、次のうち誤っているものはどれか。

(1) いずれも酸化力が強く、可燃物や有機物を酸化させる。
(2) いずれも不燃性である。
(3) いずれも比重は1より大きい。
(4) いずれも無色の液体である。
(5) いずれも腐食性があり、皮膚を侵す。

問2 第6類危険物に定められるものとして、次のうち誤っているものはどれか。

(1) 五フッ化ヨウ素
(2) 五硫化りん
(3) 過塩素酸
(4) 過酸化水素
(5) 硝酸

問3 第6類危険物の中で、容器を密栓するものとして、次のうち誤っているものはどれか。

(1) 過塩素酸
(2) 硝酸
(3) 過酸化水素
(4) 三フッ化臭素
(5) 発煙硝酸

問4 第6類危険物の貯蔵・取扱方法について、次のうち誤っているものはどれか。

(1) いずれも取扱う際は保護具を着用する。
(2) いずれも風通しのよい場所で取扱う。
(3) いずれも直射日光を避ける。
(4) いずれも水中で貯蔵する。
(5) 大部分は容器を密栓する。

問５ 第６類危険物の消火方法として、次のうち注水消火が不適切なものはどれか。

(1) 過酸化水素
(2) 硝酸
(3) 過塩素酸
(4) 発煙硝酸
(5) 五フッ化臭素

解答＆解説

問１

第６類危険物の大部分は**無**色の液体ですが、例外もあります。発煙硝酸は、**赤**色または**赤褐**色の液体です。第６類危険物は、**酸化性液体**の集まりで、いずれも**酸化力**が強く、可燃物や有機物を酸化させます。酸化性とは、自身は燃えませんが、混合するほかの可燃物の燃焼を促進する性質のことです。　正解　(4)

問２

五硫化りんは、第２類危険物の**可燃性固体**なので誤りです。なお、燃焼は熱と光を伴う急激な**酸化反応**で、酸化性である第６類危険物は、燃焼をサポートします。そのため、貯蔵の際は、可燃物との接触を避ける必要があります。　正解　(2)

問３

過酸化水素は容器を**密栓**するのではなく、**通気孔**のあるフタを使用するので誤りです。これは、過酸化水素が分解して発生する酸素によって、容器の内圧が上昇するのを防ぐためです。また、分解を防ぐために**安定剤**としてリン酸や尿酸、アセトアニリドなどが添加されます。　正解　(3)

問４

第６類危険物のうち、ハロゲン間化合物は水と激しく反応して、猛毒で腐食性のある**フッ化水素**を生じて発熱するので、水との接触を避ける必要があります。また、**フッ化水素**の水溶液は**ガラス**を溶かすので注意しましょう。　正解　(4)

問５

五フッ化臭素は、**水と激しく反応**して、猛毒で腐食性のあるフッ化水素を生じて**発熱する**ので注水厳禁です。燃焼した際は、粉末消火剤や乾燥砂で消火しましょう。また、フッ化水素の水溶液はガラスを溶かすので、ガラスや陶器製の容器は使用せず、ポリエチレン製の容器を使用する必要があります。　正解　(5)

2-1

過塩素酸・過酸化水素

過塩素酸・過酸化水素の詳しい特性について解説します。いずれも「水溶性がある」という点が共通しています。

本テーマはこんな問題が出題されます

練習問題

過塩素酸の性状について、次のうち誤っているものはどれか。

(1) 空気中で白煙を生じる。
(2) 無色の液体である。
(3) 水に溶ける。
(4) 強い還元作用がある。
(5) 水に沈む。

▶ 過塩素酸・過酸化水素とは？

過塩素酸とは、第１類危険物の過塩素酸塩類を蒸留して作られる**強酸化剤**です。

もう１つの過酸化水素とは何ですか？

バリウムやナトリウムの過酸化物に酸を作用させることでできる液体で、極めて不安定な**強酸化剤**です。分解を抑制するためにリン酸などの安定剤が用いられます。

表で覚える 過塩素酸・過酸化水素の基本性状

物品名	形状	比重	水溶性
過塩素酸 $HClO_4$	**無**色の発煙性液体	**1.77**	○
過酸化水素 H_2O_2	**無**色の粘性のある液体	**1.5**	○

○：水に溶ける

基本性状が似ていますね。詳しい特性も教えてください！

貯蔵方法なども含めて次ページにまとめましたので、確認しましょう。どちらも非常に不安定な物品ですので、取扱方法などには注意しましょう。

触媒とは何ですか？

触媒とは、自身は**変化**せずに化学反応を**促進**する物質のことです。

わかりました！

表で覚える 過塩素酸・過酸化水素の各種特性

物品名	特性
過塩素酸	①水に**よく溶け**、水溶液は**強い酸**性を示す ②多くの金属と反応して酸化物と**水素**を生じる ③水と接触すると音を出して**発熱**する ④強い**酸化**作用がある ⑤不燃性であるが、加熱すると**塩化水素**を発生して爆発する ⑥空気中で**白煙**を生じる ⑦非常に不安定な物質で、常圧で容器を**密閉**して、冷暗所に貯蔵しても徐々に分解・黄変し、分解生成物が触媒となって爆発的に分解する
過酸化水素	①**水**、**アルコール**に溶けるが、**石油**、**ベンゼン**に溶けない ②水溶液は**弱い酸**性である ③強い**酸化**作用がある ④非常に**不安定**な物品で、濃度50%以上のものは常温（20℃）でも水と酸素に分解して発熱する ⑤分解を防ぐために**安定剤**としてリン酸や尿酸、アセトアニリドなどが添加される ⑥強い**酸化剤**である（強い酸化剤に対しては還元剤として作用する）

表で覚える 過塩素酸・過酸化水素の貯蔵・取扱および消火方法

	物品名	内容
貯蔵・取扱方法	過塩素酸	①**火気**、**加熱**、**直射日光**を避ける ②**可燃物**、**有機物**との接触を避ける ③**金属**製の容器を使用しない（金属と激しく反応するため） ④流出したときは、多量の**水**で洗い流す ⑤定期的に**点検**を行い、汚損・変色している場合は破棄する
	過酸化水素	①**火気**、**加熱**、**直射日光**を避ける ②**可燃物**、**有機物**との接触を避ける ③容器は**密栓**せず、**通気孔**のあるフタを使用する ④流出したときは、多量の**水**で洗い流す ⑤塩化ビニールや**ステンレス**製の容器などを使用する
消火方法	過塩素酸 過酸化水素	①大量の**水**で**冷却**消火する

過酸化水素は、密栓しないので
注意しましょう

練習問題解説

(4)過塩素酸は、強い還元作用ではなく、「酸化」作用があるので誤りです。過酸化水素も同じく強い酸化作用があるので、あわせて覚えておきましょう。　正解 (4)

2-2 硝酸・発煙硝酸

硝酸・発煙硝酸の詳しい特性を学んでいきます。比重、水溶性が類似・共通しています。

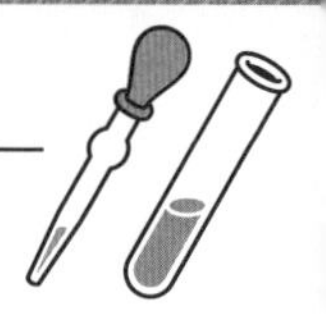

練習問題

本テーマはこんな問題が出題されます

硝酸の性状について、次のうち誤っているものはどれか。

(1) 水溶液は強い酸性を示す。
(2) 無色の液体である。
(3) 濃硝酸はアルミニウムを溶かす。
(4) 濃アンモニアと接触すると爆発する恐れがある。
(5) 日光によって分解して黄褐色になる。

▶ 硝酸・発煙硝酸とは？

硝酸とは、アンモニアの酸化によって得られる腐食性の強い**強酸化剤**です。通常は液体の状態で扱われます。

発煙硝酸とは何ですか？

濃硝酸に気体の**二酸化窒素**を吹き込んだものです。

表で覚える 硝酸・発煙硝酸の基本性状

物品名	形状	比重	水溶性
硝酸 HNO_3	**無**色の液体	**1.50**（市販品は1.38以上）	○
発煙硝酸 HNO_3	**赤**色または**赤褐**色の液体	**1.52**以上	○

○：水に溶ける

発煙硝酸は、名称に発煙とありますが、気体ではなく**液体**です。

間違えないように注意ですね。特性にはどんなものがありますか？

次ページの上表を確認してください。どちらも強い**酸化**力があります。

不動態被膜（酸化被膜）とは何ですか？

金属の表面が酸化されてできる、**腐食**作用に抵抗する膜のことです。この被膜は溶液や酸にさらされても溶け去ることがないので、内部の金属を**腐食**から保護します。また、貯蔵方法などにも注意が必要です。

表で覚える 硝酸・発煙硝酸の各種特性

物品名	特性
硝酸	①水と任意の割合で溶けて発熱し、水溶液は**強い酸**性を示す ②鉄やニッケル、アルミニウムなどは、希硝酸には溶かされて腐食するが、濃硝酸には**不動態被膜**（**酸化被膜**）を作り、溶かされない ③日光や加熱によって分解し、黄褐色になり、酸素と**二酸化窒素**を生じる ④湿気を含む空気中で褐色に**発煙**する ⑤**二硫化炭素**、**アルコール**、**アミン類**などと混合すると発火または爆発する ⑥**有機物**、**濃アンモニア**と接触すると爆発する恐れがある
発煙硝酸	①水と任意の割合で溶けて発熱し、水溶液は**強い酸**性を示す ②空気中で褐色の**二酸化窒素**を発生する ③濃硝酸に**二酸化窒素**を加圧飽和させたもので、純硝酸を86%以上含む ④発煙硝酸の硝酸濃度は**98**～**99**%である ⑤濃硝酸より**酸化**力が**強い**

表で覚える 硝酸・発煙硝酸の貯蔵・取扱および消火方法

	内容
貯蔵・取扱方法	①**加熱**、**直射日光**、**湿気**を避ける ②**可燃物**との接触を避ける ③ステンレス鋼や**アルミニウム**製の容器に貯蔵 ※**不動態被膜**（**酸化被膜**）を作るため ④容器は**密栓**する ⑤**風通し**のよい場所で貯蔵する ⑥流出した際は、土砂をかけて流出を阻止するか、水または強化液で希釈したあと、**ソーダ灰**や消石灰などで中和し、多量の**水**で洗い流す
消火方法	①**水**（**散水、噴霧水**）、**水溶性液体用泡**消火剤などで消火する

消火するときは、防毒マスクを着用しましょう

練習問題解説

(3)濃硝酸には、アルミニウムに不動態被膜（酸化被膜）ができ、「溶かされません」ので誤りです。希硝酸は、アルミニウムに不動態被膜ができないので溶けます。　正解　(3)

2-3 ハロゲン間化合物

ハロゲン間化合物の詳しい特性について解説します。3種類の物品があります。

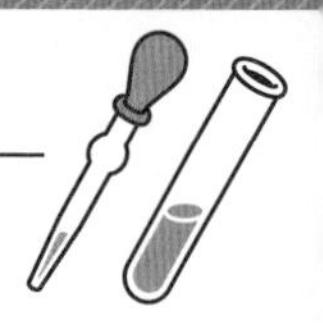

本テーマはこんな問題が出題されます

練習問題

三フッ化臭素の性状について、次のうち誤っているものはどれか。

(1) 水と激しく反応して、猛毒のフッ化水素を生じる。
(2) 空気中で発煙する。
(3) 黄色の液体である。
(4) 加水分解して、フッ化物などの有毒ガスを発生する。
(5) 比重は1より大きい。

▶ ハロゲン間化合物とは？

ハロゲン間化合物とは、2種のハロゲンからなる化合物の総称で、一般にハロゲンの単体と似た性質をもっています。

ハロゲンとは何ですか？

ハロゲンとは、周期表において1族から18族に分類された元素のうちの17族に属する元素のことで**フッ素**、塩素、臭素、**ヨウ素**などが該当します。ここで扱うハロゲン間化合物は、三フッ化臭素、五フッ化臭素、五フッ化ヨウ素です。

表で覚える ハロゲン間化合物の分類

物品名	形状	比重	水溶性
三フッ化臭素 BrF_3	**無**色の液体	**2.84**	*
五フッ化臭素 BrF_5	**無**色の液体	**2.46**	*
五フッ化ヨウ素 IF_5	**無**色の液体	**3.19**	*

*：水と激しく反応する

水に溶けるよりも前に水と激しく反応するため、水溶性の記載は省略しています。詳しい特性などは次ページの上表を確認しましょう。

どれも水と激しく反応してフッ化水素を生じるのですね。

はい。そのため貯蔵方法などにも注意が必要です。

表で覚える ハロゲン間化合物の各種特性

物品名	特性
三フッ化臭素	①水と激しく反応して、猛毒で腐食性のある**フッ化水素**を生じて発熱する（**フッ化水素**の水溶液はガラスを溶かす） ②紙、**木材**、油脂類などの可燃性物質と接触すると**発熱反応**が起こる ③空気中で**発煙**する ④加水分解して、フッ化物などの**有毒**ガスを発生する ⑤低温で固化して無水フッ化水素酸などの溶媒に常温（20℃）で溶ける
五フッ化臭素	①水と激しく反応して、猛毒で腐食性のある**フッ化水素**を生じて発熱する（**フッ化水素**の水溶液はガラスを溶かす） ②空気中で**発煙**する ③三フッ化臭素よりも反応性に富み、ほとんどの元素や化合物と反応して有毒な**フッ化物**を生じる ④臭素とフッ素を**200**℃で反応させて作られる
五フッ化ヨウ素	①水と激しく反応して、猛毒で腐食性のある**フッ化水素**を生じて発熱する（**フッ化水素**の水溶液はガラスを溶かす） ②反応性に富み、ほとんどの金属・非金属と反応して有毒な**フッ化物**を生じる ③**ガラス**を溶かす ④有機物、**硫黄**、赤りんなどと接触すると酸化して発火する恐れがある

表で覚える ハロゲン間化合物の貯蔵・取扱および消火方法

	内容
貯蔵・取扱方法	①**水**、**可燃物**との接触を避ける ②**ポリエチレン**製の容器を使用する ③**ガラス**や陶器製の容器は使用しない ④容器は**密栓**する
消火方法	①**粉末**消火剤、**乾燥砂**で消火する（防護服を着用） ②**水系の**消火剤（**水・泡・強化液**）は使用しない

なぜ、ガラスの容器を使用してはいけないのですか？

水との反応によって生成されるフッ化水素の水溶液はガラスを**腐食**するので、ガラス製の容器を使用することができません。

練習問題解説

(3)三フッ化臭素は、黄色ではなく「無色」の液体なので誤りです。五フッ化臭素、五フッ化ヨウ素も無色の液体なのであわせて覚えておきましょう。　正解　(3)

要点をチェック！　まとめ②

第6類それぞれの危険物の特性をまとめました。付属の赤シートで隠すなどして覚えていきましょう。

表で覚える 過塩素酸・過酸化水素の特性　2-1

物品名 （形状 / 比重 / 水溶性）	ポイント
共通点：非常に不安定な物品で、強い**酸化**作用がある	
過塩素酸 $HClO_4$ 無色の発煙性液体 1.77 ○	①水に**よく溶け**、水溶液は**強い酸**性で多くの金属と反応して、酸化物と**水素**を生じる ②水と接触すると音を出して**発熱**する ③不燃性であるが、加熱すると**塩化水素**を発生して爆発する ④空気中で**白煙**を生じる
過酸化水素 H_2O_2 無色の粘性のある液体 1.5 ○	①**水**、**アルコール**に溶けるが、**石油**、**ベンゼン**に溶けない ②水溶液は**弱い酸**性である ③濃度50%以上のものは常温でも水と酸素に分解して発熱 ④分解を防ぐために**安定剤**としてリン酸や尿酸、アセトアニリドなどが添加される

○：水に溶ける

表で覚える 硝酸・発煙硝酸の特性　2-2

物品名 （形状 / 比重 / 水溶性）	ポイント
共通点：強い**酸化**力があり、水と任意の割合で溶けて発熱し、水溶液は**強い酸**性を示す	
硝酸 HNO_3 無色の液体 1.50 ○	①鉄やニッケル、アルミニウムなどは、希硝酸には溶かされて腐食するが、濃硝酸には**不動態被膜**（**酸化被膜**）を作り溶かされない ②日光や加熱によって分解し、黄褐色になり、酸素と**二酸化窒素**を生じる ③湿気を含む空気中で褐色に**発煙**する
発煙硝酸 HNO_3 赤色または赤褐色の液体 1.52以上 ○	①空気中で褐色の**二酸化窒素**を発生する ②濃硝酸に**二酸化窒素**を加圧飽和させたもので、純硝酸を86%以上含む ③発煙硝酸の硝酸濃度は**98**～**99**%である ④濃硝酸より酸化力が**強い**

○：水に溶ける

硝酸はもとは無色ですが、日光や加熱で分解されると黄褐色に変色します

表で覚える ハロゲン間化合物の特性 2-3

物品名 （形状 / 比重 / 水溶性）	ポイント
共通点：水と激しく反応して、猛毒で腐食性のある**フッ化水素**を生じて発熱する （**フッ化水素**の水溶液はガラスを溶かす）	
三フッ化臭素 BrF_3 無色の液体 2.84 ＊	①紙、**木材**、油脂類などの可燃性物質と接触すると**発熱反応**が起こる ②空気中で**発煙**する ③加水分解して、フッ化物などの**有毒**ガスを発生する ④低温で固化して無水フッ化水素酸などの溶媒に常温（20℃）で溶ける
五フッ化臭素 BrF_5 無色の液体 2.46 ＊	①空気中で**発煙**する ②三フッ化臭素よりも反応性に富み、ほとんどの元素や化合物と反応して有毒な**フッ化物**を生じる ③臭素とフッ素を **200**℃で反応させて作られる
五フッ化ヨウ素 IF_5 無色の液体 3.19 ＊	①反応性に富み、ほとんどの金属・非金属と反応して有毒な**フッ化物**を生じる ②**ガラス**を溶かす ③有機物、**硫黄**、赤りんなどと接触すると酸化して発火する恐れがある

＊：水と激しく反応する

ハロゲン間化合物はいずれも、水と激しく反応してフッ化水素を生じます。フッ化水素は猛毒で腐食性がありますので、消火に際しては、水系の消火剤は使用できません

第6類危険物の各種特性

知識を定着！　復習問題

これまでに学んだ知識を、復習問題に取り組むことでしっかり定着させましょう。間違えた問題は解説を読んで復習し、正解するまで取り組んでください。しっかりと知識が定着したら、予想模擬試験にチャレンジしましょう！

問1 過塩素酸の性状について、次のうち誤っているものはどれか。

(1) 水によく溶ける。
(2) 水と反応しない。
(3) 不燃性であるが、加熱すると塩化水素を発生して爆発する。
(4) 無色の液体である。
(5) 空気中で白煙を生じる。

問2 過塩素酸の貯蔵・取扱いに関する注意事項について、次のうち誤っているものはどれか。

(1) 火気を避ける。
(2) 金属製の容器で貯蔵する。
(3) 定期的に点検を行う。
(4) 有機物との接触を避ける。
(5) 直射日光を避ける。

問3 過酸化水素の性状について、次のうち誤っているものはどれか。

(1) 水溶液は弱い酸性である。
(2) 強い酸化作用がある。
(3) 比重は1より大きい。
(4) 安定剤としてアセトアルデヒドが添加される。
(5) ベンゼンに溶けない。

問4 過酸化水素の貯蔵・取扱いに関する注意事項について、次のうち誤っているものはどれか。

(1) 容器は密栓する。
(2) 加熱を避ける。
(3) 可燃物との接触を避ける。
(4) ステンレス製の容器を使用する。
(5) 流出したときは、多量の水で洗い流す。

問5 硝酸の性状について、次のうち誤っているものはどれか。

(1) 二硫化炭素と混合すると発火または爆発する。
(2) 加熱によって分解して酸素と二酸化窒素を生じる。
(3) 無色の液体である。
(4) 希硝酸も濃硝酸も鉄を溶かす。
(5) 湿気を含む空気中で褐色に発煙する。

問6 発煙硝酸の性状について、次のうち誤っているものはどれか。

(1) 濃硝酸より酸化力が強い。
(2) 空気中で褐色の二酸化窒素を発生する。
(3) 無色の液体である。
(4) 比重は1より大きい。
(5) 水溶液は強い酸性を示す。

問7 三フッ化臭素の性状について、次のうち誤っているものはどれか。

(1) 木材と接触すると発熱反応が起こる。
(2) 無色の液体である。
(3) 空気中で安定している。
(4) 水と激しく反応してフッ化水素を生じて発熱する。
(5) 加水分解して有毒ガスを発生する。

問8 五フッ化臭素の性状について、次のうち誤っているものはどれか。

(1) 無色の液体である。
(2) 三フッ化臭素よりも反応性が強い。
(3) 水と激しく反応して、猛毒な物質を生じて発熱する。
(4) 比重は1より小さい。
(5) ガラスを溶かす。

問9 五フッ化ヨウ素の性状について、次のうち誤っているものはどれか。

(1) 過酸化カリウムと接触すると酸化して発火する恐れがある。
(2) ガラスを溶かす。
(3) 比重は1より大きい。
(4) ほとんどの金属、非金属と反応してフッ化物を生じる。
(5) 水と激しく反応して、腐食性のある物質を生じて発熱する。

問 10 ハロゲン間化合物の貯蔵・取扱いに関する注意事項について、次のうち誤っているものはどれか。

(1) 水との接触を避ける。
(2) ガラスの容器を使用する。
(3) ポリエチレン製の容器を使用する。
(4) 陶器製の容器は使用しない。
(5) 容器は密栓する。

解答 & 解説

問 1

過塩素酸は水と反応しないのではなく、水と接触すると音を出して**発熱**するので誤りです。過塩素酸は不燃性ですが、加熱すると**塩化水素**を発生して爆発するので注意しましょう。また、非常に不安定な物品で、常圧で容器を**密閉**して冷暗所に貯蔵しても徐々に分解・黄変し、分解生成物が触媒となって爆発的に分解します。

正解 (2)

問 2

過塩素酸の水溶液は強い酸性で、多くの金属と反応して、酸化物と**水素**を生じるので、金属製の容器は使用してはいけません。また、流出したときは、多量の**水**で洗い流しましょう。

正解 (2)

問 3

過塩素酸は非常に**不安定**な物品で、濃度50%以上のものは常温（20℃）でも水と酸素に分解して発熱します。そのため、**安定剤**としてアセトアルデヒドではなく、リン酸や尿酸、アセトアニリドなどが添加されます。ちなみに、アセトアルデヒドは、第4類危険物の**引火性液体**です。

正解 (4)

問 4

過酸化水素は、分解して発生する酸素によって、容器の内圧が上昇してしまいます。そのため、容器は**密栓**せずに**通気孔**のあるフタを使用します。また、**可燃物**、**有機物**との接触を避けましょう。

正解 (1)

問 5

鉄やニッケル、アルミニウムなどは、希硝酸には溶かされて腐食しますが、濃硝酸には**不動態被膜**（**酸化被膜**）を作り溶かされません。**不動態被膜**とは、金属の表面が**酸化**されてできる、腐食作用に抵抗する膜のことです。この被膜は溶液や酸にさらされても溶け去ることがないので、内部の金属を腐食から保護します。

正解 (4)

問6

発煙硝酸は無色ではなく、**赤**色または**赤褐**色の液体なので誤りです。濃硝酸に**二酸化窒素**を加圧飽和させたもので、純硝酸を86%以上含みます。発煙硝酸の硝酸濃度は**98**〜**99**%で、濃硝酸より酸化力が**強い**です。**加熱**、**直射日光**、**湿気**を避け、容器は**密栓**して**風通し**のよい場所で貯蔵します。　正解　(3)

問7

三フッ化臭素は空気中で安定しているのではなく、**発煙**します。水との反応で発生する**フッ化水素**は、猛毒で腐食性があります。また、低温で固化し、無水フッ化水素酸などの触媒に常温（20℃）で溶けます。　正解　(3)

問8

五フッ化臭素の比重は1より小さいのではなく、**大きい**ので誤りです。五フッ化臭素だけでなく、第6類危険物はいずれも比重が1より大きいです。また、五フッ化臭素は、**ガラス**を溶かすので、貯蔵する際は**ガラス**や陶器製の容器は使用せず、**ポリエチレン**製の容器を使用しましょう。　正解　(4)

問9

五フッ化ヨウ素は酸化性の液体で、過酸化カリウムは酸化性の固体です。どちらも酸化性で不燃性の物質なので、接触することで酸化して発火することは**ありません**。また、**水**と激しく反応して、猛毒で腐食性のある**フッ化水素**を生じて発熱します。フッ化水素の水溶液はガラスを溶かします。　正解　(1)

問10

ハロゲン間化合物は**ガラス**や陶器製の容器は使用せず、**ポリエチレン**製の容器を使用して貯蔵します。ハロゲン間化合物は、水と激しく反応して、猛毒で腐食性のある**フッ化水素**を生じて発熱します。発生した**フッ化水素**の水溶液は**ガラス**を溶かしてしまいます。また、燃焼した際は**水系の**消火剤（**水・泡・強化液**）は使用せず、**粉末**消火剤や**乾燥砂**で消火しましょう。　正解　(2)

復習問題を解き終えたら、
次ページからの一問一答にも
チャレンジしてみましょう！

第6類危険物

1回目：　／　2回目：　／

一問一答・チャレンジ問題！

これまでに学んだ知識が身についているかを、一問一答形式の問題で確認しましょう。付属の赤シートを紙面に重ね、隠れた文字（赤字部分）を答えていってください。赤字部分は合格に必須な重要単語です。試験直前もこの一問一答でしっかり最終チェックをしていきましょう！

重要度：☆☆＞☆＞無印

□□ **1** ☆☆ 第6類危険物は、**酸化性液体**の集まりである。（1-1 参照）

□□ **2** ☆☆ 第6類危険物は、いずれも**不燃**性で比重は1より**大きい**。（1-1 参照）

□□ **3** ☆☆ 第6類危険物は、いずれも**酸化**力が強く、可燃物や有機物を**酸化**させる。（1-1 参照）

□□ **4** ☆ 第6類危険物は、いずれも**腐食**性があり、皮膚を侵す。（1-1 参照）

□□ **5** ☆ 第6類危険物は、大部分が**有毒**な蒸気を発生して**刺激臭**を有する。（1-1 参照）

□□ **6** ☆ ハロゲン間化合物には、**三フッ化臭素**、**五フッ化臭素**、**五フッ化ヨウ素**が分類する。（1-2 参照）

□□ **7** ☆ 第6類危険物は、加熱、**直射日光**などを避ける。（1-2 参照）

□□ **8** 第6類危険物は、可燃物、**有機物**、**酸化**されやすい物質との接触を避ける。（1-2 参照）

□□ **9** ☆☆ 第6類危険物は、ほとんどの金属と反応して腐食させるので、**耐酸**性の容器に貯蔵する。（1-2 参照）

□□ **10** ☆ 第6類危険物は、過酸化水素以外は容器を**密栓**して貯蔵し、**風通し**のよい場所で取扱う。（1-2 参照）

□□ **11** 第6類危険物は、取扱う際に**保護具**を着用する。（1-2 参照）

□□ **12** ☆ 第６類危険物のうち、ハロゲン間化合物以外の消火には、**水系の**消火剤**（水・泡・強化液）**、粉末消火剤（リン酸塩類）、乾燥砂、膨張ひる石、膨張真珠岩を使用する。 (1-2 参照)

□□ **13** ☆ 第６類危険物のうち、ハロゲン間化合物以外の消火には、**二酸化炭素**消火剤、ハロゲン化物消火剤、粉末消火剤（炭酸水素塩類）は使用してはいけない。 (1-2 参照)

□□ **14** ☆ ハロゲン間化合物の消火には、粉末消火剤（リン酸塩類）、**乾燥砂**、膨張ひる石、膨張真珠岩、ソーダ灰を使用する。 (1-2 参照)

□□ **15** ☆ ハロゲン間化合物の消火には、**水系の**消火剤**（水・泡・強化液）**、二酸化炭素消火剤、ハロゲン化物消火剤、粉末消火剤（炭酸水素塩類）は使用してはいけない。 (1-2 参照)

□□ **16** ☆☆ 過塩素酸は、**無**色の発煙性液体で、比重は１より大きい。 (2-1 参照)

□□ **17** ☆ 過塩素酸は、**水**によく溶けて水溶液は**強い酸**性で、多くの金属と反応して酸化物と**水素**を生じる。 (2-1 参照)

□□ **18** 過塩素酸は、強い**酸化**作用があり、水と接触すると音を出して**発熱**する。 (2-1 参照)

□□ **19** ☆☆ 過塩素酸は、不燃性であるが、加熱すると**塩化水素**を発生して爆発する。 (2-1 参照)

□□ **20** ☆☆ 過塩素酸は、金属と激しく反応するため**金属**製の容器を使用してはいけない。 (2-1 参照)

□□ **21** ☆ 過塩素酸は、大量の**水**で冷却消火する。 (2-1 参照)

□□ **22** ☆ 過酸化水素は、**無**色の粘性のある液体で、比重は１より大きい。 (2-1 参照)

□□ **23** ☆ 過酸化水素は、**水**、アルコールに溶けて、水溶液は**弱い酸**性である。 (2-1 参照)

□□ **24** ☆ 過酸化水素は、非常に**不安定**な物品で、濃度 50%以上のものは常温（20℃）でも水と酸素に分解して発熱する。 (2-1 参照)

□□ **25** ☆☆ 過酸化水素は、分解を防ぐために**安定**剤としてリン酸や尿酸、アセトアニリドなどが添加される。 (2-1 参照)

□□ **26** ☆☆ 過酸化水素を貯蔵する際は、塩化ビニールや**ステンレス**製の容器などを使用して、密栓せず、**通気孔**のあるフタを使用する。 (2-1 参照)

□□ **27** ☆ 過酸化水素は、大量の**水**で冷却消火する。 (2-1 参照)

□□ **28** ☆ 硝酸は、**無**色の液体で、比重は 1 より大きい。 (2-2 参照)

□□ **29** ☆ 硝酸は、水と任意の割合で溶けて発熱し、水溶液は**強い酸**性を示す。 (2-2 参照)

□□ **30** ☆☆ 鉄やニッケル、アルミニウムなどは希硝酸に溶かされて腐食するが、濃硝酸には**不動態被膜（酸化被膜）**を作り溶かされない。 (2-2 参照)

□□ **31** ☆ 硝酸は、**不動態被膜（酸化被膜）**を作るため、ステンレス鋼や**アルミニウム**製の容器に貯蔵する。 (2-2 参照)

□□ **32** ☆ 硝酸は、容器は**密栓**して、**風通し**のよい場所で貯蔵する。 (2-2 参照)

□□ **33** ☆☆ 硝酸は、**水（散水、噴霧水）**、水溶性液体用泡消火剤などで消火する。 (2-2 参照)

□□ **34** ☆ 発煙硝酸は、**赤**色または**赤褐**色の液体で、比重は 1 より大きい。 (2-2 参照)

□□ **35** 発煙硝酸は、水と任意の割合で溶けて発熱し、水溶液は強い**酸**性を示す。 (2-2 参照)

□□ **36** 発煙硝酸は、空気中で褐色の**二酸化窒素**を発生する。 (2-2 参照)

□□ **37** 発煙硝酸は、濃硝酸に**二酸化窒素**を加圧飽和させたもので、純硝酸を 86%以上含み、濃硝酸より酸化力が**強い**。 (2-2 参照)

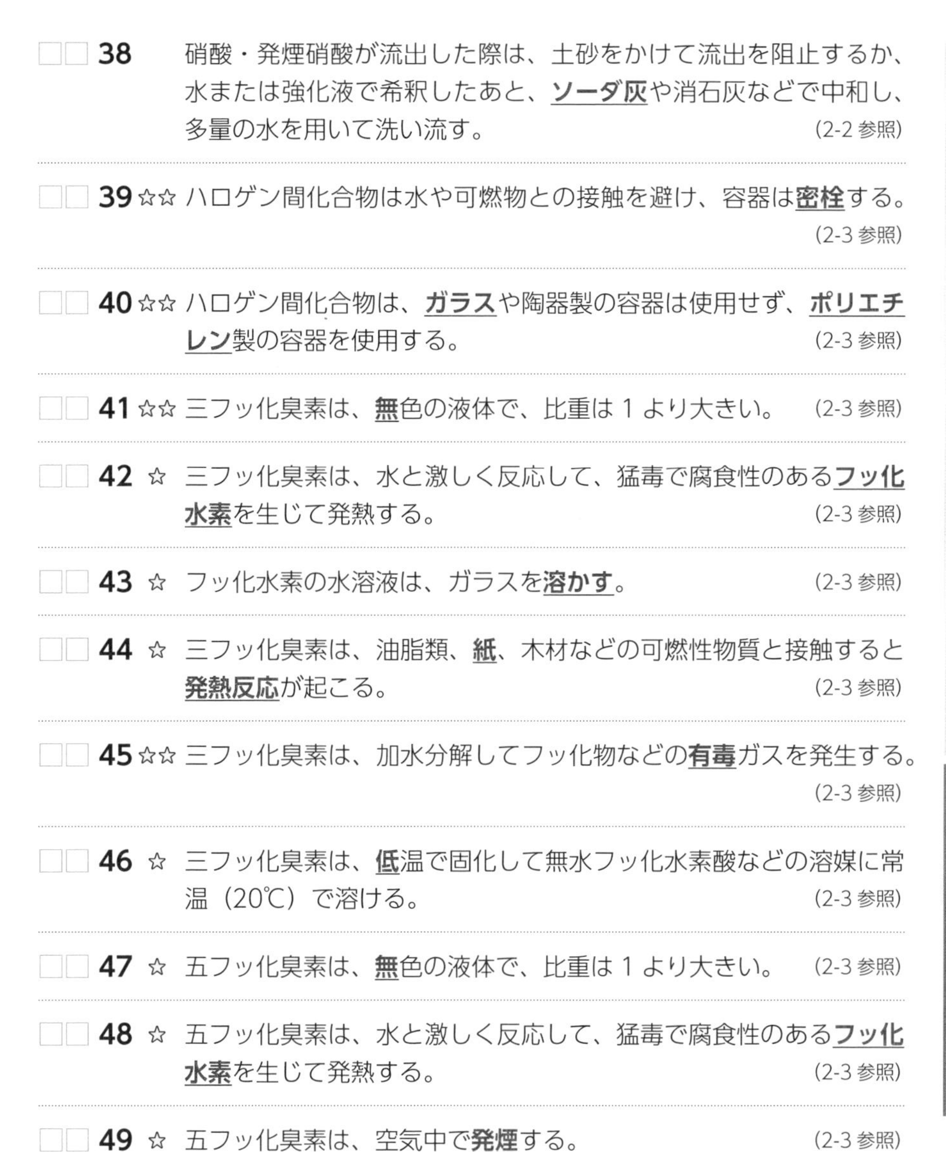

□□ **38**　硝酸・発煙硝酸が流出した際は、土砂をかけて流出を阻止するか、水または強化液で希釈したあと、**ソーダ灰**や消石灰などで中和し、多量の水を用いて洗い流す。　(2-2 参照)

□□ **39** ☆☆ ハロゲン間化合物は水や可燃物との接触を避け、容器は**密栓**する。　(2-3 参照)

□□ **40** ☆☆ ハロゲン間化合物は、**ガラス**や陶器製の容器は使用せず、**ポリエチレン**製の容器を使用する。　(2-3 参照)

□□ **41** ☆☆ 三フッ化臭素は、**無**色の液体で、比重は 1 より大きい。　(2-3 参照)

□□ **42** ☆ 三フッ化臭素は、水と激しく反応して、猛毒で腐食性のある**フッ化水素**を生じて発熱する。　(2-3 参照)

□□ **43** ☆ フッ化水素の水溶液は、ガラスを**溶かす**。　(2-3 参照)

□□ **44** ☆ 三フッ化臭素は、油脂類、**紙**、木材などの可燃性物質と接触すると**発熱反応**が起こる。　(2-3 参照)

□□ **45** ☆☆ 三フッ化臭素は、加水分解してフッ化物などの**有毒**ガスを発生する。　(2-3 参照)

□□ **46** ☆ 三フッ化臭素は、**低**温で固化して無水フッ化水素酸などの溶媒に常温（20℃）で溶ける。　(2-3 参照)

□□ **47** ☆ 五フッ化臭素は、**無**色の液体で、比重は 1 より大きい。　(2-3 参照)

□□ **48** ☆ 五フッ化臭素は、水と激しく反応して、猛毒で腐食性のある**フッ化水素**を生じて発熱する。　(2-3 参照)

□□ **49** ☆ 五フッ化臭素は、空気中で**発煙**する。　(2-3 参照)

赤シートで重要語句を隠しながら解き、
どの問題が本試験で出題されても確実に
正解できるようになりましょう

□□ **50** ☆☆ 五フッ化臭素は、臭素とフッ素を **200**℃で反応させて作られる。 (2-3 参照)

□□ **51** ☆ 五フッ化ヨウ素は、**無**色の液体で、比重は 1 より大きい。(2-3 参照)

□□ **52** ☆☆ 五フッ化ヨウ素は、水と激しく反応して、猛毒で腐食性のある**フッ化水素**を生じて発熱する。 (2-3 参照)

□□ **53** ☆☆ 五フッ化ヨウ素は、反応性に富み、ほとんどの金属・非金属と反応して**フッ化物**を生じる。 (2-3 参照)

□□ **54** ☆ 五フッ化ヨウ素は、**ガラス**を溶かす。 (2-3 参照)

□□ **55** ☆ 五フッ化ヨウ素は、有機物、**硫黄**、赤りんなどと接触すると**酸化**して発火する恐れがある。 (2-3 参照)

一問一答を解いて知識が身についたら、
巻末の予想模擬試験にもチャレンジ！
間違えた問題などは、テキストを読み返す
などして復習しましょう

乙種第１・２・３・５・６類
危険物取扱者
予想模擬試験

危険物の性質並びにその火災予防及び消火の方法

●使い方

問題は次のページから始まります。自分が受ける類の問題に、本番同様に時間を計って集中して臨みましょう。解答用のマークシートは「第１回・217ページ」、「第２回・219ページ」にあります（各類共通）。切り離してコピーなどしてご使用ください（ダウンロードも可能）。

●模擬試験（第１回、第２回）

●試験時間

各回35分

●解答＆解説（第１回、第２回）

第1類予想模擬試験　第1回

問1　危険物の類ごとの一般性状について、次のうち正しいものはどれか。

1　第2類危険物は、いずれも可燃性の固体だが、燃焼速度は遅い。
2　第3類危険物は、いずれも自然発火性と禁水性の両方の性質を有する。
3　第4類危険物は、大部分が電気の不良導体で静電気を蓄積しやすい。
4　第5類危険物は、いずれも可燃性で分子内に酸素を含んでいる。
5　第6類危険物は、酸化性の固体で可燃物や有機物を酸化させる。

問2　硝酸アンモニウムの性状について、次のうち誤っているものはどれか。

1　吸湿性がある。
2　水に溶ける。
3　無色の結晶である。
4　潮解性がある。
5　比重は1より小さい。

問3　過マンガン酸カリウムの性状について、次のうち正しいものはどれか。

1　アルコールに溶けない。
2　塩酸と反応すると、窒素を発生する。
3　硫酸と反応しない。
4　水に溶けると黒紫色の水溶液になる。
5　約170℃で分解して酸素を発生する。

問4　第1類危険物に共通する貯蔵・取扱いの注意事項について、次のうち誤っているものはどれか。

1　有機物、酸化されやすい物質との接触を避ける。
2　冷暗所に保存する。
3　火気、衝撃、摩擦などを避ける。
4　容器は密栓せず、通気孔のあるフタを設ける。
5　容器の破損や危険物の漏れに注意する。

問5　過酸化カリウムに関わる火災の初期消火の方法について、次のうち正しいものはどれか。

1　霧状の水で消火する。
2　棒状の水で消火する。
3　泡消火剤で消火する。
4　二酸化炭素消火剤で消火する。
5　乾燥砂で消火する。

問6 過塩素酸ナトリウムの性状について、次のうち誤っているものはどれか。

1　潮解性はない。
2　無色の結晶である。
3　比重は1より大きい。
4　水に溶ける。
5　200℃以上で分解し酸素を発生する。

問7 次亜塩素酸カルシウムの性状について、次のうち正しいものはどれか。

1　150℃以上で分解して水素を発生する。
2　水と反応して塩化水素ガスを発生する。
3　水に溶けない。
4　有毒である。
5　常温では安定している。

問8 第1類危険物に共通する性状について、次のうち誤っているものはどれか。

1　いずれも酸化性である。
2　いずれも水に溶ける。
3　いずれも酸素を含む物質である。
4　いずれも比重は1より大きい。
5　いずれも加熱や摩擦などで分解しやすい。

問9 塩素酸カリウムの性状について、次のうち誤っているものはどれか。

1　強い酸化剤である。
2　有毒である。
3　約400℃で塩化カリウムと過塩素酸カリウムに分解する。
4　水によく溶ける。
5　白色の粉末である。

問10 臭素酸カリウムの性状について、次のうち誤っているものはどれか。

1　アセトンに溶ける。
2　水に溶ける。
3　比重は1より大きい。
4　約370℃で分解し酸素を発生する。
5　無色の結晶性粉末である。

第１類予想模擬試験　第２回

問１　危険物の類ごとの一般性状について、次のうち誤っているものはどれか。

1　第２類危険物は、可燃性固体である。
2　第３類危険物は、自然発火性物質および禁水性物質である。
3　第４類危険物は、引火性液体である。
4　第５類危険物は、自己反応性物質である。
5　第６類危険物は、酸化性固体である。

問２　亜塩素酸ナトリウムの性状について、次のうち正しいものはどれか。

1　常温では安定している。
2　無色の液体である。
3　比重は１より小さい。
4　吸湿性があり、水に溶ける。
5　加熱すると窒素を発生する。

問３　ヨウ素酸カリウムの性状について、次のうち誤っているものはどれか。

1　潮解性がある。
2　無色の結晶である。
3　加熱すると分解して酸素を発生する。
4　水溶液はバリウムと反応して難溶性の沈殿物を作る。
5　エタノールに溶けない。

問４　重クロム酸アンモニウムに関わる火災の消火方法について、次のうち誤っているものはどれか。

1　注水消火
2　ハロゲン化物消火剤
3　強化液消火剤
4　リン酸塩類の粉末消火剤
5　泡消火剤

問５　三酸化クロムの性状について、次のうち正しいものはどれか。

1　希エタノールに溶けない。
2　水溶液は腐食性の強いアルカリ性である。
3　アセトンと接触すると爆発的に発火する。
4　酸化性は弱い。
5　毒性はない。

問6 第1類危険物の共通性状として、A～Eのうち正しいものはいくつあるか。

A 自然発火性物質である。 B 酸化性である。 C 不燃性である。
D 分子内に酸素を含んでいる。 E 水によく溶ける。

1 1つ
2 2つ
3 3つ
4 4つ
5 5つ

問7 塩素酸アンモニウムの性状について、次のうち誤っているものはどれか。

1 水に溶ける。
2 アルコールに溶けにくい。
3 100℃以上に加熱すると分解して爆発する恐れがある。
4 無色の結晶である。
5 比重は1より小さい。

問8 第1類危険物に共通する貯蔵・取扱いの注意事項について、次のうち正しいものはどれか。

1 容器は密栓せず、通気孔のあるフタを設ける。
2 安定剤として強酸を加える。
3 不燃性であるため、可燃物と同一場所で貯蔵できる。
4 直射日光を避け、冷暗所で貯蔵する。
5 換気はしない。

問9 二酸化鉛の性状について、次のうち誤っているものはどれか。

1 水に溶けない。
2 多くのアルカリに溶ける。
3 高い電気伝導性をもつ。
4 日光によって分解して水素を発生する。
5 有毒である。

問10 第1類危険物の消火方法について、次のうち水による消火が誤りなものはどれか。

1 過酸化ナトリウム
2 硝酸カリウム
3 亜塩素酸ナトリウム
4 過マンガン酸カリウム
5 過ヨウ素酸ナトリウム

第２類予想模擬試験　第１回

問１ 危険物の類ごとの一般性状について、次のうち正しいものはどれか。

1　第１類危険物は、いずれも酸化性の液体である。
2　第３類危険物は、大部分が自然発火性と禁水性の両方を有している。
3　第４類危険物は、いずれも引火性の固体である。
4　第５類危険物は、いずれも可燃性の固体である。
5　第６類危険物は、酸化性の固体である。

問２ 第２類危険物の性状について、次のうち誤っているものはどれか。

1　いずれも可燃性である。
2　いずれも固体である。
3　いずれも燃焼速度が速い。
4　一般に水に溶ける。
5　一般に比重は１より大きい。

問３ 赤りんの性状について、次のうち正しいものはどれか。

1　二硫化炭素に溶ける。
2　猛毒である。
3　ニラに似た不快臭がある。
4　約50℃で自然発火する。
5　マッチ箱の側薬の原料である。

問４ マグネシウムの性状について、次のうち誤っているものはどれか。

1　希薄な酸と反応して水素を発生する。
2　銀白色の金属結晶である。
3　常温の乾燥した空気中では、酸化は進行しない。
4　燃焼すると白光を放って高温で燃え、塩化マグネシウムを生じる。
5　空気中の水分と反応して自然発火する恐れがある。

問５ ゴムのりに関する記述として、次のうち誤っているものはどれか。

1　燃焼した際、ハロゲン化物消火剤は使用できない。
2　換気のよい冷暗所で貯蔵する。
3　水に溶けない。
4　生ゴムを石油系溶剤に溶かしてのり状にしたものである。
5　のり状の固体である。

予想模擬試験

解答&解説

問6 第2類危険物の消火方法として、次のうち水による消火が正しいものはどれか。

1　鉄粉
2　亜鉛粉
3　硫黄
4　アルミニウム粉
5　マグネシウム

問7 三硫化りんについて、次のうち誤っているものはどれか。

1　無色の結晶である。
2　二硫化炭素に溶ける。
3　約100℃で発火の危険性がある。
4　燃焼すると有毒なガスを発生する。
5　熱水によって加水分解して硫化水素を発生する。

問8 鉄粉の性状について、次のうち誤っているものはどれか。

1　酸、アルカリに溶けて水素を発生する。
2　油の染みついた切削屑は、自然発火する恐れがある。
3　酸素と結合して、酸化鉄になる。
4　微粉状のものは、粉じん爆発する恐れがある。
5　比重は1より大きい。

問9 七硫化りんの貯蔵・取扱方法について、次のうち正しいものはどれか。

1　容器は密栓せず、通気孔のあるフタを設ける。
2　還元剤との混合を避ける。
3　金属製容器には貯蔵しない。
4　窓を閉め切った冷暗所に貯蔵する。
5　水分との接触を避ける。

問10 硫黄の性状について、次のうち誤っているものはどれか。

1　水に溶けない。
2　二硫化炭素に溶ける。
3　燃焼の際は赤色の炎をあげる。
4　電気の不良導体で、摩擦で静電気を発生しやすい。
5　黒色火薬の原料である。

第２類予想模擬試験　第２回

問１ 危険物の類ごとの一般性状について、次のうち誤っているものはどれか。

1　第１類危険物は、自身は燃えないが、分子内に含んだ酸素によってほかの物質を酸化させる固体である。
2　第３類危険物は、水と接触させると発火などの危険性がある固体である。
3　第４類危険物は、可燃物がほかの火や熱によって燃え出す液体である。
4　第５類危険物は、酸素を含有しているため自己反応し発火しやすい物質である。
5　第６類危険物は、自身は燃えないが、分子内に含んだ酸素によってほかの物質を酸化させる液体である。

問２ アルミニウム粉の性状について、次のうち誤っているものはどれか。

1　酸、アルカリに溶けて水素を発生する。
2　水に溶ける。
3　空気中で燃焼すると、酸化アルミニウムを生じる。
4　金属酸化物と混合して燃焼させると、金属酸化物を還元する。
5　比重は１より大きい。

問３ 硫黄の性状について、次のうち正しいものはどれか。

1　白色の固体である。
2　比重は１より小さい。
3　同位体をもたない。
4　粉じん爆発することがある。
5　約100℃で発火し、燃焼すると二酸化硫黄を発生する。

問４ 第２類危険物の貯蔵・取扱方法について、次のうち誤っているものはどれか。

1　高温体との接触を避ける。
2　鉄粉は水との接触を避ける。
3　還元剤との混合を避ける。
4　容器は密封して冷暗所で貯蔵する。
5　作業の際は、防護服を着用して吸引や皮膚への飛沫の付着を避ける。

問５ 第２類危険物の性状について、次のうち正しいものはどれか。

1　いずれも水に溶けない。
2　いずれも比重は１より大きい。
3　いずれも酸化剤と接触または混合すると、打撃などにより爆発する恐れがある。
4　一般に燃焼速度が遅い。
5　一般に不燃性である。

問6 赤りんの性状について、次のうち誤っているものはどれか。

1 有機溶剤に溶ける。
2 毒性はない。
3 約400℃で昇華する。
4 黄りんの同素体である。
5 赤褐色の粉末である。

問7 固形アルコールについて、次のうち誤っているものはどれか。

1 メタノールやエタノールを凝固剤で固めたものである。
2 密閉しないとアルコールが蒸発する。
3 40℃未満で可燃性蒸気を発生するため引火しやすい。
4 比重は1より大きい。
5 乳白色のゲル状である。

問8 マグネシウムの消火方法として、次のうち正しいものはどれか。

1 注水消火
2 泡消火剤
3 強化液消火剤
4 二酸化炭素消火剤
5 乾燥砂

問9 亜鉛粉の性状について、次のうち正しいものはどれか。

1 水に溶けて水素を発生する。
2 酸には溶けるがアルカリには溶けない。
3 硫黄と混合して加熱すると、窒素を発生する。
4 比重は1より大きい。
5 水を含んだ塩素と接触すると有毒ガスを発生する。

問10 五硫化りんの性状について、次のうち誤っているものはどれか。

1 淡黄色の結晶である。
2 水によって加水分解する。
3 燃焼すると、有毒なガスを発生する。
4 二硫化炭素に溶ける。
5 無臭である。

第３類予想模擬試験　第１回

問１　危険物の類ごとの一般性状について、次のうち誤っているものはどれか。

1　第１類危険物は、いずれも酸素を分子内に含んでおりほかの物質を酸化させる。
2　第２類危険物は、いずれも可燃性の固体である。
3　第４類危険物は、いずれも蒸気比重が１より大きい。
4　第５類危険物は、いずれも可燃性で燃焼速度が速い。
5　第６類危険物は、酸化性の固体で腐食性がある。

問２　第３類危険物の性状について、次のうち正しいものはどれか。

1　いずれも自然発火性物質である。
2　いずれも禁水性物質である。
3　いずれも固体である。
4　大部分は可燃性である。
5　大部分は物質内に酸素を含んでいる。

問３　カリウムの性状について、次のうち誤っているものはどれか。

1　アルコールに溶けて酸素とアルコキシドを生じる。
2　吸湿性がある。
3　ハロゲン元素と激しく反応する。
4　比重は１より小さい。
5　金属材料を腐食する。

問４　黄りんの性状について、次のうち正しいものはどれか。

1　水に溶ける。
2　ベンゼンに溶けない。
3　燃焼すると十酸化四りんを生じる。
4　自然発火性と禁水性を有する。
5　毒性はない。

問５　第３類危険物の消火方法として、次のうち噴霧注水が正しいものはどれか。

1　ナトリウム
2　黄りん
3　カルシウム
4　炭化アルミニウム
5　水素化リチウム

問6 ジエチル亜鉛の性状について、次のうち誤っているものはどれか。

1　無色の液体である。
2　ジエチルエーテルに溶ける。
3　空気中で自然発火する。
4　禁水性は有しない。
5　引火性がある。

問7 リチウムの性状について、次のうち正しいものはどれか。

1　黄色の金属結晶である。
2　ハロゲンと激しく反応してハロゲン化物を生じる。
3　水と接触すると酸素を発生する。
4　比重は1より大きい。
5　ナトリウムより反応性が強い。

問8 アルキルアルミニウムの貯蔵・取扱方法について、次のうち誤っているものはどれか。

1　酸素の中で貯蔵する。
2　容器に安全弁を取り付けて破損を防ぐ。
3　火気を避ける。
4　水との接触を避ける。
5　耐圧性容器に貯蔵する。

問9 トリクロロシランの性状について、次のうち誤っているものはどれか。

1　二硫化炭素に溶けない。
2　蒸気が空気と混合すると、爆発性のガスになる。
3　比重は1より大きい。
4　高温で分解してケイ素に変わる。
5　無色の液体である。

問10 炭化カルシウムの性状について、次のうち正しいものはどれか。

1　水と反応して窒素を発生する。
2　常温の乾燥空気中でも反応して、発熱する。
3　高温では強い酸化性がある。
4　可燃性である。
5　吸湿性がある。

第３類予想模擬試験　第２回

問１ 危険物の類ごとの一般性状について、次のうち誤っているものはどれか。

1　第１類危険物は、いずれも不燃性の固体である。
2　第２類危険物は、いずれも可燃性の固体である。
3　第４類危険物は、いずれも可燃性の液体である。
4　第５類危険物は、いずれも可燃性の液体である。
5　第６類危険物は、いずれも不燃性の液体である。

問２ 第３類危険物の性状について、次のうち誤っているものはどれか。

1　いずれも比重は１より大きい。
2　大部分は可燃性である。
3　大部分が自然発火性を有している。
4　大部分が禁水性を有している。
5　固体と液体どちらもある。

問３ バリウムの消火方法について、次のうち正しいものはどれか。

1　注水消火
2　泡消火剤
3　強化液消火剤
4　乾燥砂
5　ハロゲン化物消火剤

問４ 水素化リチウムについて、次のうち正しいものはどれか。

1　水と反応しない。
2　高温で分解してリチウムと酸素を生じる。
3　吸湿性がある。
4　強酸化剤として使用される。
5　黄色の結晶である。

問５ 第３類危険物の炎色反応について、次のうち誤っているものはどれか。

1　カリウム　　紫色
2　リチウム　　赤色
3　カルシウム　橙赤色
4　バリウム　　黄緑色
5　ナトリウム　青色

問 6 りん化カルシウムについて、次のうち正しいものはどれか。

1 乾燥した空気中で自然発火する。
2 水より軽い。
3 白色の結晶である。
4 水と反応して可燃性の気体が発生する。
5 アルカリに溶ける。

問 7 アルキルリチウムについて、次のうち誤っているものはどれか。

1 無臭である。
2 引火性がある。
3 空気中では白煙をあげて発火する。
4 ジエチルエーテルに溶ける。
5 酸と激しく反応してブタンガスを発生する（ノルマルブチルリチウムのみ）。

問 8 第 3 類危険物の貯蔵・取扱方法について、次のうち誤っているものはどれか。

1 容器の破損や腐食に注意する。
2 容器に通気孔のあるフタを設ける。
3 水中で貯蔵する物品と禁水性物品とは、同一の貯蔵所で貯蔵しない。
4 自然発火性物質は、空気、高温体との接触を避ける。
5 禁水性物質は、水との接触を避ける。

問 9 ナトリウムについて、次のうち正しいものはどれか。

1 空気中で安定している。
2 イオン化傾向が小さい。
3 水と激しく反応して水素を発生する。
4 アルコールに溶けない。
5 黄色の固体である。

問 10 黄りんについて、次のうち誤っているものはどれか。

1 水に溶けない。
2 常温（20℃）で自然発火する。
3 ハロゲンと激しく反応する。
4 猛毒である。
5 濃硝酸と反応してリン酸を生じる。

第5類予想模擬試験　第1回

問1　危険物の類ごとの一般性状について、次のうち誤っているものはどれか。

1　第1類危険物は、いずれも分子内に酸素を含んでおりほかの物質を酸化させる。
2　第2類危険物は、いずれも比較的低温で着火しやすい。
3　第3類危険物は、いずれも金属または金属を含む化合物である。
4　第4類危険物は、いずれも可燃性の液体である。
5　第6類危険物は、いずれも腐食性があり皮膚を侵す。

問2　ピクリン酸の性状について、次のうち誤っているものはどれか。

1　ベンゼンに溶ける。
2　黄色の結晶である。
3　毒性がある。
4　水溶液は強い酸性で、金属と反応して金属塩を生じる。
5　無味無臭である。

問3　エチルメチルケトンパーオキサイドの性状について、次のうち正しいものはどれか。

1　無色の固体である。
2　水に溶ける。
3　無臭である。
4　比重は1より小さい。
5　30℃以下でもボロ布と接触すると分解する。

問4　第5類危険物で常温（20℃）で液体のものは、次のうちどれか。

1　過酸化ベンゾイル
2　トリニトロトルエン
3　ジアゾジニトロフェノール
4　硝酸エチル
5　塩酸ヒドロキシルアミン

問5　アゾビスイソブチロニトリルの性状について、次のうち誤っているものはどれか。

1　水に溶けにくい。
2　ジエチルエーテルに溶ける。
3　黄色の固体である。
4　光で容易に分解する。
5　融点以上に加熱すると有毒なガスを発生する。

問 6 アジ化ナトリウムの性状について、次のうち誤っているものはどれか。

1 ジエチルエーテルに溶ける。
2 徐々に加熱すると、窒素と金属ナトリウムに分解する。
3 急激に加熱すると、激しく分解して爆発する恐れがある。
4 水があると重金属と反応してアジ化物を生じる。
5 毒性が強い。

問 7 硫酸ヒドラジンの性状について、次のうち正しいものはどれか。

1 水に溶けない。
2 アルコールに溶けない。
3 酸化性が強く還元剤と激しく反応する。
4 黄色の結晶である。
5 比重は1より小さい。

問 8 ヒドロキシルアミンの貯蔵・取扱方法について、次のうち誤っているものはどれか。

1 火気を避ける。
2 高温体を避ける。
3 冷暗所で貯蔵する。
4 金属製容器に貯蔵する。
5 容器は密栓する。

問 9 ニトロセルロースの性状について、次のうち誤っているものはどれか。

1 強硝化綿はジエチルエーテルに溶ける。
2 弱硝化綿は無煙火薬に使用される。
3 無味無臭である。
4 水に溶けない。
5 白色の固体である。

問 10 第5類危険物の消火方法として、次のうち注水消火が誤っているものはどれか。

1 過酢酸
2 ジニトロソペンタメチレンテトラミン
3 硫酸ヒドラジン
4 硝酸グアニジン
5 アジ化ナトリウム

第5類予想模擬試験　第2回

問1　危険物の類ごとの一般性状について、次のうち誤っているものはどれか。

1　第1類危険物は、大部分が強酸と反応して酸素を発生する。
2　第2類危険物は、いずれも還元されやすい。
3　第3類危険物は、大部分が金属または金属を含む化合物である。
4　第4類危険物は、大部分が電気の不良導体のため、静電気を蓄積しやすい。
5　第6類危険物は、大部分が刺激臭を有する。

問2　トリニトロトルエンの性状について、次のうち正しいものはどれか。

1　白色の結晶である。
2　水に溶ける。
3　金属と反応しない。
4　日光にあたると淡黄色になる。
5　比重は1より小さい。

問3　ジアゾジニトロフェノールの性状について、次のうち誤っているものはどれか。

1　水にほとんど溶けない。
2　アセトンに溶ける。
3　燃焼現象は爆ごうを起こしやすい。
4　比重は1より大きい。
5　光にあたると白色に変色する。

問4　第5類危険物の性状について、次のうち誤っているものはどれか。

1　いずれも可燃性である。
2　いずれも比重は1より大きい。
3　いずれも分子内に酸素を含んでいる。
4　大部分は水と反応しない。
5　固体または液体である。

問5　過酸化ベンゾイルの性状について、次のうち正しいものはどれか。

1　ジエチルエーテルに溶けない。
2　刺激臭がある。
3　乾燥させると危険性が減る。
4　常温（20℃）では安定している。
5　強い還元作用がある。

問6 硫酸ヒドロキシルアミンの消火方法について、次のうち誤っているものはどれか。

1 大量の水による注水消火をする。
2 泡消火剤を使用する。
3 ハロゲン化物消火剤を使用する。
4 乾燥砂を使用する。
5 防じんマスクを着用する。

問7 ニトログリセリンの性状について、次のうち誤っているものはどれか。

1 有機溶剤に溶ける。
2 水にほとんど溶けない。
3 ダイナマイトの原料である。
4 有毒である。
5 8℃で凍結し、凍結すると安定する。

問8 硝酸グアニジンの性状について、次のうち正しいものはどれか。

1 水に溶けない。
2 強力な還元剤である。
3 毒性はない。
4 自動車のエアバッグに使用される。
5 比重は1より小さい。

問9 ピクリン酸の貯蔵・取扱方法について、次のうち誤っているものはどれか。

1 火気を避ける。
2 乾燥させて貯蔵する。
3 酸化されやすい物質との混合を避ける。
4 金属製容器を避ける。
5 衝撃を避ける。

問10 ジニトロソペンタメチレンテトラミンの性状について、次のうち正しいものはどれか。

1 ガソリンに溶ける。
2 約100℃で分解する。
3 強アルカリに接触すると爆発的に分解して発火する恐れがある。
4 淡黄色の粉末である。
5 比重は1より小さい。

第６類予想模擬試験　第１回

問１ 危険物の類ごとの一般性状について、次のうち誤っているものはどれか。

1 第１類危険物は、いずれも不燃性の固体である。
2 第２類危険物は、いずれも可燃性の固体である。
3 第３類危険物は、いずれも可燃性の固体または液体である。
4 第４類危険物は、いずれも可燃性の液体である。
5 第５類危険物は、いずれも可燃性の固体または液体である。

問２ 第６類危険物に共通する性状について、次のうち誤っているものはどれか。

1 いずれも不燃性である。
2 いずれも腐食性がある。
3 いずれも酸化力がある。
4 いずれも有毒な蒸気を発生する。
5 いずれも液体である。

問３ 硝酸の性状について、次のうち正しいものはどれか。

1 濃硝酸はアルミニウムを溶かす。
2 有機物と接触すると爆発する恐れがある。
3 湿気を含む空気中で白色に発煙する。
4 水溶液は弱い酸性を示す。
5 赤色の液体である。

問４ 第６類危険物の貯蔵・取扱方法について、次のうち誤っているものはどれか。

1 加熱を避ける。
2 風通しのよい場所で取扱う。
3 いずれも容器は密栓する。
4 可燃物との接触を避ける。
5 取扱う際は保護具を着用する。

問５ 第６類危険物と性質の組合せとして、次のうち誤っているものはどれか。

1	発煙硝酸	水溶液は弱い酸性である。
2	五フッ化ヨウ素	水と反応してフッ化水素を生じる。
3	過塩素酸	空気中で白煙を生じる。
4	過酸化水素	水溶液は弱い酸性である。
5	五フッ化臭素	空気中で発煙する。

問6 過塩素酸の性状について、次のうち正しいものはどれか。

1　水中では安定している。
2　可燃性である。
3　水に溶けない。
4　無色の発煙性のある液体である。
5　比重は１より小さい。

問7 三フッ化臭素の性状について、次のうち誤っているものはどれか。

1　空気中で発煙する。
2　木材と接触すると発熱反応が起こる。
3　加水分解して有毒ガスを発生する。
4　水と激しく反応する。
5　無水フッ化水素酸に常温（20℃）では溶けない。

問8 次の物質を過酸化水素に混合したとき、爆発の危険性がないものはどれか。

1　鉄
2　アセトアニリド
3　メタノール
4　二酸化マンガン
5　クロム

問9 第６類危険物の正しい消火方法の組合せとして、次のうち誤っているものはどれか。

1	三フッ化臭素	乾燥砂
2	硝酸	水溶性液体用泡消火剤
3	過塩素酸	大量の水による冷却消火
4	五フッ化ヨウ素	泡消火剤
5	過酸化水素	大量の水による冷却消火

問10 過酸化水素の性状について、次のうち誤っているものはどれか。

1　水に溶ける。
2　ベンゼンに溶けない。
3　濃度50％以上のものは常温（20℃）でも水と酸素に分解して発熱する。
4　強い酸化剤である。
5　安定剤として二酸化マンガンが添加される。

第6類予想模擬試験　第2回

問1　危険物の類ごとの一般性状について、次のうち誤っているものはどれか。

1　第1類危険物は、大部分が無色の結晶または白色の粉末である。
2　第2類危険物は、大部分の比重が1より大きい。
3　第3類危険物は、大部分が自然発火性と禁水性の両方の性質を有する。
4　第4類危険物は、大部分の比重が1より大きい。
5　第5類危険物は、大部分が分子内に酸素を含んでいる。

問2　五フッ化臭素の性状について、次のうち誤っているものはどれか。

1　水と激しく反応してフッ化水素を生じる。
2　三フッ化臭素のほうが反応性に富む。
3　臭素とフッ素を200℃で反応させて作られる。
4　無色の液体である。
5　空気中で発煙する。

問3　分子式がH_2O_2で示される危険物の性状について、次のうち正しいものはどれか。

1　水溶液は強い酸性である。
2　石油に溶ける。
3　安定剤として二酸化マンガンを添加する。
4　強い酸化剤である。
5　比重は1より小さい。

問4　発煙硝酸の性状について、次のうち誤っているものはどれか。

1　無色の液体である。
2　比重は1より大きい。
3　水に溶ける。
4　空気中で二酸化窒素を発生する。
5　濃硝酸に二酸化窒素を加圧飽和させたものである。

問5　ハロゲン間化合物の消火方法について、次のうち正しいものはどれか。

1　注水消火
2　りん酸塩類の粉末消火剤
3　強化液消火剤
4　湿った砂
5　泡消火剤

問6 第６類危険物の貯蔵・取扱方法について、次のうち誤っているものはどれか。

1　可燃物を接触させない。
2　空気との接触を避ける。
3　直射日光を避ける。
4　火気との接触を避ける。
5　水と反応するものは、水との接触を避ける。

問7 過塩素酸の性状について、次のうち誤っているものはどれか。

1　空気中では安定している。
2　無色の液体である。
3　水溶液は強い酸性である。
4　不燃性である。
5　水と接触すると音を出して発熱する。

問8 第６類危険物に共通する性状について、次のうち正しいものはどれか。

1　固体である。
2　比重は１より小さい。
3　加熱すると酸素を発生する。
4　無色、無臭である。
5　不燃性である。

問9 五フッ化ヨウ素の性状について、次のうち誤っているものはどれか。

1　ガラスを溶かす。
2　赤りんと接触すると発熱する。
3　ほとんどの金属や非金属と反応して酸素を生じる。
4　水と激しく反応する。
5　無色の液体である。

問10 硝酸の消火方法について、次のうち誤っているものはどれか。

1　散水で消火する。
2　水溶性液体用泡消火剤で消火する。
3　流出した際は、土砂をかけて流出を阻止する。
4　噴霧水で消火する。
5　棒状注水で消火する。

第1回　予想模擬試験　解答用紙（各類共通）

試　験　日	氏　　名
月　　日	

	問1	問2	問3	問4	問5	問6	問7	問8	問9	問10
性質・消火	①	①	①	①	①	①	①	①	①	①
	②	②	②	②	②	②	②	②	②	②
	③	③	③	③	③	③	③	③	③	③
	④	④	④	④	④	④	④	④	④	④
	⑤	⑤	⑤	⑤	⑤	⑤	⑤	⑤	⑤	⑤

性質・消火	／10

キリトリ線

〈記入上の注意〉
1．マークは記入例を参考にし、良い例のように塗りつぶしてください。
2．記入は、必ずHBまたはBの鉛筆を使用してください。
3．訂正の場合は、消しゴムできれいに消してください。
4．用紙を折り曲げたり、汚したりしないでください。
5．所定の欄以外にマークしたり、記入したりしないでください。

〈マーク記入例〉

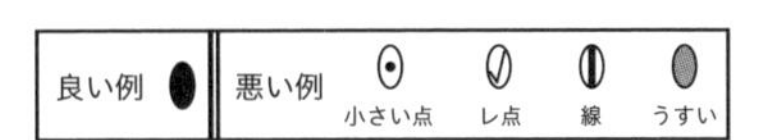

〈解答用紙ダウンロードのご案内〉

予想模擬試験の解答用のマークシートを下記URLにて、
ダウンロード提供しています。
学習の際にご活用ください。
URL：https://www.kadokawa.co.jp/product/322209000350/

※本サービスは予告なく変更または終了することがあります。
　あらかじめご了承ください。

キリトリ線

第2回　予想模擬試験　解答用紙（各類共通）

試　験　日
月　　　日

氏　　名

	問1	問2	問3	問4	問5	問6	問7	問8	問9	問10
性質・消火	①	①	①	①	①	①	①	①	①	①
	②	②	②	②	②	②	②	②	②	②
	③	③	③	③	③	③	③	③	③	③
	④	④	④	④	④	④	④	④	④	④
	⑤	⑤	⑤	⑤	⑤	⑤	⑤	⑤	⑤	⑤

性質・消火	／10

〈記入上の注意〉

1．マークは記入例を参考にし、良い例のように塗りつぶしてください。
2．記入は、必ず HB または B の鉛筆を使用してください。
3．訂正の場合は、消しゴムできれいに消してください。
4．用紙を折り曲げたり、汚したりしないでください。
5．所定の欄以外にマークしたり、記入したりしないでください。

〈マーク記入例〉

〈解答用紙ダウンロードのご案内〉

予想模擬試験の解答用のマークシートを下記 URL にて、
ダウンロード提供しています。
学習の際にご活用ください。
URL：https://www.kadokawa.co.jp/product/322209000350/

※本サービスは予告なく変更または終了することがあります。
　あらかじめご了承ください。

第1類予想模擬試験　第1回 解答&解説

解答

問1	3	問2	5	問3	4	問4	4	問5	5
問6	1	問7	2	問8	2	問9	4	問10	1

解説

問1　正解　3

1 誤り。第2類危険物は、いずれも**可燃性の固体**で、燃焼速度は遅いのではなく**速い**。
2 誤り。第3類危険物は、大部分が**自然発火**性と**禁水**性の両方の性質を有しているが、例外もある。**黄りん**は**自然発火**性のみを有し、**リチウム**は**禁水**性のみを有する。
3 正しい。第4類危険物は、電気の不良導体で静電気を蓄積しやすく、**静電気**による火花で**引火**する危険性がある。
4 誤り。第5類危険物は、いずれも**可燃**性で、**大部分**が分子内に**酸素**を含んでいるが、例外もある。**アジ化ナトリウム（NaN_3）**は分子内に酸素を含んでいない。
5 誤り。第6類危険物は、酸化性の固体ではなく、**液体**である。自身は燃えないが、分子内に含んだ酸素によって可燃物や有機物を**酸化**させる。

問2　正解　5

1 正しい。**酸化性の固体**で、**吸湿**性がある。
2 正しい。水だけでなく、**メタノール**や**エタノール**にも溶ける。
3 正しい。無色の結晶または、**結晶性の粉末**である。
4 正しい。**潮解**性がある。
5 誤り。比重は1より**大きい**。

問3　正解　4

1 誤り。**アルコール**や**アセトン**に溶ける。
2 誤り。塩酸と反応して窒素ではなく、**塩素**を発生する。
3 誤り。硫酸を加えると反応して、**爆発**する恐れがある。
4 正しい。水に溶けると**黒紫**色（**濃紫**色）の水溶液になる。ちなみに、水に溶ける前は**黒紫**色または**赤紫**色の結晶である。
5 誤り。約170℃ではなく、約**200**℃で分解して酸素を発生する。**過マンガン酸ナトリウム**は約170℃で分解して酸素を発生する。

問4　正解　4

1 正しい。有機物、酸化されやすい物質とは反応して**発火**する危険性があるので接触を避ける。
2 正しい。熱源や火気のある場所から離して、**冷暗所**に保存する。
3 正しい。**火災**の危険性があるため、火気、衝撃、摩擦などを避ける。
4 誤り。通気孔のあるフタを設けず、**容器は密栓する**。
5 正しい。**容器の破損や危険物の漏れ**に注意する。

問5 正解 5

1 誤り。水と反応して**発熱**するため、霧状の水で消火しては**いけない**。
2 誤り。水と反応して**発熱**するため、棒状の水で消火しては**いけない**。
3 誤り。水と反応して**発熱**する。泡消火剤は、水系の消火剤であるため**使用できない**。
4 誤り。二酸化炭素消火剤での消火は**効果がない**。
5 正しい。**乾燥砂**などの**窒息**消火が有効である。

問6 正解 1

1 誤り。過塩素酸ナトリウムは、**潮解**性を有する。
2 正しい。過塩素酸カリウムと**過塩素酸アンモニウム**も同様に無色の結晶である。
3 正しい。比重は 1 より**大きい**ので水に沈む。
4 正しい。水に溶け、**エタノール**や**アセトン**にも溶ける。
5 正しい。**200**℃以上で分解し**酸素**を発生する。水素が発生するという問題が出題されることがあるので、間違えないように注意しよう。

問7 正解 2

1 誤り。150℃以上で分解して水素ではなく、**酸素**を発生する。
2 正しい。水と反応して塩化水素ガスを発生する。同時に**酸素**も発生する。
3 誤り。水に**溶ける**。第 1 類危険物は水に溶けるものが多い。
4 誤り。毒性はなく、**漂白**、**殺菌作用**があるためプールの消毒に用いられる。
5 誤り。常温でも**不安定**で空気中の水分、二酸化炭素によって**次亜塩素酸**を遊離し、強烈な**塩素臭**を生じる。

問8 正解 2

1 正しい。第 1 類危険物は、**酸化性固体**の集まりであり、いずれも酸化性である。
2 誤り。水に溶けるものが多いが、**過酸化マグネシウム**や**二酸化鉛**など、水に溶けないものもある。
3 正しい。いずれも酸素を含む物質で、分解すると**酸素**を発生するものが多い。
4 正しい。いずれも比重は 1 より**大きく**、水に沈む。
5 正しい。いずれも加熱や摩擦などで分解しやすく、分解すると**酸素**を発生して**可燃物の燃焼**を促進させる。

問9 正解 4

1 正しい。強い酸化剤である。第 1 類危険物は**酸化性固体**の集まりなので覚えておこう。
2 正しい。**有毒**なので取扱う際には注意が必要である。
3 正しい。約 400℃で**塩化カリウム**と**過塩素酸カリウム**に分解する。さらに加熱すると過塩素酸カリウムが**酸素**と**塩化カリウム**に分解する。
4 誤り。水に**溶けにくく**、熱水には溶ける。
5 正しい。白色の粉末または**無**色の**結晶**である。

問10 正解 1

1 誤り。アセトンには**溶けず**、**アルコール**に溶けにくい。
2 正しい。水には**溶ける**。
3 正しい。比重は 1 より**大きい**ので水に沈む。
4 正しい。約 370℃で分解し**酸素**を発生し、**酸との接触**によっても酸素を発生する。
5 正しい。**無**色の**結晶性粉末**である。

第1類予想模擬試験　第2回 解答&解説

解答

問1	5	問2	4	問3	1	問4	2	問5	3
問6	3	問7	5	問8	4	問9	4	問10	1

解説

問1　正解　5

1　正しい。第2類危険物は、**可燃性固体**で、着火・引火しやすく消火が困難である。

2　正しい。第3類危険物は、**自然発火性物質**および**禁水性物質**で、空気にさらされると**自然発火**したり、水と接触すると発火や**引火性ガス**を発生したりする。

3　正しい。第4類危険物は、**引火性液体**である。**引火**性とは、可燃物がほかの火や熱によって燃え出す性質のことである。

4　正しい。第5類危険物は、**自己反応性物質**である。**酸素**を含んでおり、加熱や衝撃で自己反応し発火する危険性がある。

5　誤り。第6類危険物は、酸化性固体ではなく、**酸化性液体**である。酸化性固体は**第1類危険物**なので間違えないように注意しよう。

問2　正解　4

1　誤り。常温で分解し、爆発性を有する**二酸化塩素（ClO_2）**を発生するため、**刺激臭**がある。

2　誤り。無色の液体ではなく**結晶性粉末**である。第1類危険物はすべて**固体**なので覚えておこう。

3　誤り。比重は1より**大きく**、水に沈む。

4　正しい。**吸湿**性があり、水に**溶ける**。

5　誤り。加熱すると窒素ではなく、**塩素酸ナトリウム**と**塩化ナトリウム**を生じる。

問3　正解　1

1　誤り。**潮解**性はない。

2　正しい。ヨウ素酸カリウムは、無色の結晶である。**ヨウ素酸ナトリウム**も無色の結晶なのであわせて覚えておこう。

3　正しい。加熱すると分解して**酸素**を発生する。**第1類危険物**は、いずれも分子内に**酸素**を含んでいる。

4　正しい。水溶液はバリウムと反応して、難溶性の沈殿物を作る。**水銀**とも反応して、同様に難溶性の沈殿物を作る。

5　正しい。エタノールには**溶けない**。

間違えた問題は、テキストを見直して復習し、本番の試験では確実に正解できるようになりましょう！

問4　正解　2

1　正しい。**注水**消火は有効である。
2　誤り。**ハロゲン化物**消火剤は適さない。
3　正しい。**強化液**消火剤は有効である。
4　正しい。**リン酸塩類の粉末**消火剤は有効である。
5　正しい。**泡**消火剤は有効である。

問5　正解　3

1　誤り。希エタノールには溶ける。また、**水**にも溶ける。
2　誤り。水溶液は腐食性の強いアルカリ性ではなく、**酸**性である。
3　正しい。アセトンと接触すると爆発的に発火する。**アルコール**や**ジエチルエーテル**などと接しても爆発的に発火する。
4　誤り。酸化性は**強く**、皮膚を侵す。
5　誤り。**有毒**なので取扱う際は注意が必要である。

問6　正解　3

A　誤り。自然発火性物質は、**第3類危険物**の**リチウム以外**である。
B　正しい。第1類危険物は、**酸化性固体**の集まりである。
C　正しい。第1類危険物は、**いずれも不燃**性である。
D　正しい。第1類危険物は、いずれも分子内に**酸素**を含んでおり、分解などで酸素を発生することが多い。
E　誤り。大部分は水に溶けるが、**過酸化マグネシウム**や**二酸化鉛**など、水に溶けないものもある。
B、C、Dの3つが正しいので、正解は3の3つである。

問7　正解　5

1　正しい。水に**溶ける**。第1類危険物は、水に溶けるものが多い。
2　正しい。アルコールに溶けにくい。**塩素酸バリウム**もアルコール（エタノール）に溶けにくいのであわせて覚えておこう。
3　正しい。100℃以上に加熱すると分解して**爆発**する恐れがあるので取扱う際に注意が必要である。
4　正しい。無色の結晶である。第1類危険物は、無色の結晶または**白**色の**粉末**が多い。
5　誤り。比重は1より小さいのではなく、1より**大きい**ので水に沈む。

問8　正解　4

1　誤り。通気孔のあるフタを設けるのではなく、容器は**密栓する**。
2　誤り。強酸と反応して酸素を発生するため、**強酸**との接触を避ける。
3　誤り。不燃性だが、**酸化**性であるため可燃物と同一場所で貯蔵**できない**。
4　正しい。**直射日光**を避け、**冷暗所**で貯蔵する。
5　誤り。取扱い中に**有毒ガス**を発生する恐れがあるので、**換気**を十分に行う。

問9　正解　4

1　正しい。水に溶けない。また、**アルコール**にも溶けない。
2　正しい。多くのアルカリに溶ける。また、**酸**にも溶ける。
3　正しい。高い**電気伝導**性をもっており、金属並みに電気を通す。
4　誤り。日光によって分解して水素ではなく、**酸素**を発生する。
5　正しい。**有毒**で毒性が強い。

問 10 正解 1

1 誤り。水と激しく反応して発熱し、**酸素**と**水酸化ナトリウム**を発生するため、注水を避け、**乾燥砂**などで**窒息**消火する。

2 正しい。大量の**水**で**冷却**消火する。

3 正しい。大量の**水**で**冷却**消火する。

4 正しい。大量の**水**で**冷却**消火する。

5 正しい。大量の**水**で**冷却**消火する。

それぞれの物質について特性を理解し、
どんな消火方法が適切なのかを
しっかりと覚えるようにしましょう

第２類予想模擬試験　第１回 解答&解説

解答

問1	2	問2	4	問3	5	問4	4	問5	1
問6	3	問7	1	問8	1	問9	5	問10	3

解説

問1　正解　2

1　誤り。第１類危険物は、いずれも**酸化**性で液体ではなく、**固体**である。
2　正しい。第３類危険物は、大部分が**自然発火**性と**禁水**性の両方の性質を有しているが、**黄りん**は**自然発火**性のみを有し、**リチウム**は**禁水**性のみを有する。
3　誤り。第４類危険物は、**引火**性で固体ではなく**液体**である。ガソリンや灯油が該当する。
4　誤り。第５類危険物は、いずれも可燃性だが、固体だけではなく**液体**もある。
5　誤り。第６類危険物は、**酸化**性の固体ではなく、**液体**である。自身は燃えないが、分子内に含んだ酸素によって可燃物や有機物を**酸化**させる。

問2　正解　4

1　正しい。いずれも**可燃**性である。第２類危険物は、**可燃性固体**の集まりである。
2　正しい。いずれも**固体**である。色は黄色や赤褐色、灰白色などさまざまである。
3　正しい。いずれも燃焼速度が速いため、**火気**、**加熱**を避ける必要がある。
4　誤り。一般に水に溶けるのではなく、**溶けない**。**七硫化りん**など水にわずかに溶けるものもある。
5　正しい。一般に比重は１より**大きい**。例外として、固形アルコールの比重は**0.8**で１より小さい。

問3　正解　5

1　誤り。二硫化炭素に溶けるのではなく、**溶けない**。
2　誤り。**毒**性はない。猛毒なのは、同素体である**黄りん**である。
3　誤り。**無臭**である。ニラに似た不快臭があるのは、同素体である**黄りん**である。
4　誤り。約50℃で自然発火**しない**。これは同素体である**黄りん**の性状である。
5　正しい。**マッチ箱の側薬の原料**である。医療品などの原料としても使用されている。

問4　正解　4

1　正しい。希薄な酸と反応して**水素**を発生する。また、**熱水**とも反応して水素を発生する。
2　正しい。**銀白**色の金属結晶で、水に**溶けない**。
3　正しい。常温の乾燥した空気中では、表面に薄い酸化被膜（不動態被膜）が生じて**酸化**は進行しない。
4　誤り。燃焼すると白光を放って高温で燃え、塩化マグネシウムではなく、**酸化マグネシウム**を生じる。
5　正しい。空気中の水分と反応して**自然発火**する恐れがあるので、貯蔵・取扱う際には留意が必要である。

問5　正解　1

1　誤り。燃焼した際、ハロゲン化物消火剤による消火は**適している**。ほかにも**泡**消火剤、**二酸化炭素**消火剤、**粉末**消火剤なども有効である。

2 正しい。容器は**密栓**して、換気のよい**冷暗所**で貯蔵する。
3 正しい。水に溶けず、**粘着**性、**凝集力**が強い。
4 正しい。生ゴムを**ベンジン**、**ベンゼン**などの石油系溶剤に溶かしてのり状にしたものである。
5 正しい。**のり状の固体**である。第２類危険物は、**可燃性固体**の集まりというのを覚えておこう。

問6 正解 3
1 誤り。鉄粉の堆積物は、水分や湿気によって**酸化**し、熱が蓄積して**自然発火**する恐れがあるので水系の消火剤は使用を**避ける**。
2 誤り。亜鉛粉は、常温で空気中の水分と反応して水素を発生するので水系の消火剤は使用を**避ける**。
3 正しい。硫黄は、大量の**水**で**冷却**消火する。
4 誤り。アルミニウム粉は、熱水と反応して水素を発生するので水系の消火剤は使用を**避ける**。
5 誤り。マグネシウムは、熱水と反応して水素を発生するので水系の消火剤は使用を**避ける**。

問7 正解 1
1 誤り。無色ではなく、**黄**色の結晶である。
2 正しい。二硫化炭素に溶ける。**ベンゼン**、**トルエン**にも溶ける。
3 正しい。約**100℃**で**発火**の危険性があるので、貯蔵・取扱う際には注意が必要である。
4 正しい。燃焼すると有毒な**二酸化硫黄（亜硫酸ガス）**を発生する。
5 正しい。熱水によって加水分解して、**可燃**性で有毒な**硫化水素**を発生する。

問8 正解 1
1 誤り。酸に溶けて水素を発生するが、アルカリには**溶けない**。
2 正しい。油の染みついた切削屑は**自然発火**する恐れがあるので、貯蔵・取扱う際は注意が必要である。
3 正しい。酸素と結合して、**黒**色または**赤褐**色の**酸化鉄**になる。
4 正しい。微粉状のものは、**粉じん爆発**する恐れがあるので火気、**加熱**を避ける必要がある。
5 正しい。比重は１より**大きく**、水には**溶けない**。

問9 正解 5
1 誤り。通気孔のあるフタを設けるのではなく、容器は**密栓する**。
2 誤り。還元剤ではなく、**酸化剤**との混合を避ける。
3 誤り。**金属製容器**や**ガラス製容器**に貯蔵する。
4 誤り。窓を**閉め切らず**、換気のよい**冷暗所**に貯蔵する。
5 正しい。水では徐々に、熱水では速やかに加水分解して**可燃**性で有毒な**硫化水素**を発生するので水分との接触を避ける。

問10 正解 3
1 正しい。水に溶けず、**エタノール**、**ジエチルエーテル**、**ベンゼン**にわずかに溶ける。
2 正しい。二硫化炭素に**溶ける**。
3 誤り。燃焼の際は赤色ではなく、**青**色の炎をあげる。
4 正しい。電気の不良導体で、摩擦で**静電気**を発生しやすいので、貯蔵・取扱う際に注意が必要である。
5 正しい。**黒色火薬**や**硫酸**などの原料である。

第２類予想模擬試験　第２回 解答＆解説

解答

問1	2	問2	2	問3	4	問4	3	問5	3
問6	1	問7	4	問8	5	問9	4	問10	5

解説

問1　正解　2

1　正しい。第１類危険物は、自身は燃えないが、分子内に含んだ**酸素**によってほかの物質を**酸化**させる固体で、**酸化性固体**という。
2　誤り。第３類危険物は、空気にさらされたり、水と接触させたりすると発火などの危険性がある物質である。しかし、固体だけでなく**液体**のものもある。
3　正しい。第４類危険物は、可燃物がほかの火や熱によって燃え出す液体で、**引火性液体**である。
4　正しい。第５類危険物は、酸素を含有しているため内部燃焼を起こしやすい物質で、**自己反応性物質**という。
5　正しい。第６類危険物は、自身は燃えないが、分子内に含んだ**酸素**によってほかの物質を**酸化**させる液体で、**酸化性液体**という。

問2　正解　2

1　正しい。酸、アルカリに溶けて**水素**を発生する。また、酸とアルカリのどちらとも反応する元素のことを両性元素という。
2　誤り。水に**溶けない**。
3　正しい。空気中で燃焼すると、**酸化アルミニウム**を生じる。このとき、**白色炎**を発する。
4　正しい。金属酸化物と混合して燃焼させると、金属酸化物を還元し、これを**テルミット反応**という。
5　正しい。比重は１より**大きい**ので水に沈む。

問3　正解　4

1　誤り。白色ではなく、**黄**色の固体である。
2　誤り。比重は１より小さいのではなく、**大きい**。
3　誤り。硫黄は同位体ではなく、**斜方硫黄・単斜硫黄・ゴム状硫黄**の同素体をもつ。
4　正しい。**粉じん爆発**することがあるので注意が必要である。
5　誤り。約100℃ではなく、約**360**℃で発火し、燃焼すると有毒な**二酸化硫黄**を発生する。

問4　正解　3

1　正しい。第２類危険物は、**可燃性固体**なので高温体との接触を避ける。
2　正しい。鉄粉の堆積物は、水分や湿気によって酸化し、熱が蓄積して**自然発火**する恐れがあるので水との接触を避ける。
3　誤り。還元剤ではなく、**酸化剤**との混合を避ける。
4　正しい。容器は**密封**して**冷暗所**で貯蔵する。また、**防湿**にも注意して貯蔵する。
5　正しい。作業の際は、**防護服**を着用して**吸引**や**皮膚への飛沫の付着**を避ける。

問5　正解　3

1　誤り。いずれもではなく、**大部分は水に溶けない**。例外として**七硫化りん**は水に溶ける。
2　誤り。いずれもではなく大部分は、比重は1より**大きい**。例外として、固形アルコールの比重は**0.8**で1より小さい。
3　正しい。いずれも酸化剤と接触または混合すると、打撃などにより**爆発**する恐れがあるので、貯蔵・取扱う際に注意が必要である。
4　誤り。一般に燃焼速度が遅いのではなく、いずれも**速い**。
5　誤り。いずれも**可燃**性である。第2類危険物は、**可燃性固体**の集まりなので覚えておこう。

問6　正解　1

1　誤り。有機溶剤には**溶けない**。また、**水**や**二硫化炭素**にも溶けない。
2　正しい。毒性はなく、**無臭**である。
3　正しい。約**400**℃で昇華する。
4　正しい。**黄りん**の同素体である。黄りんは、第3類危険物で毒性のある**自然発火性物質**である。
5　正しい。赤褐色の粉末で、比重は1より**大きい**。

問7　正解　4

1　正しい。メタノールやエタノールを凝固剤で固めたものである。**引火**性があり、可燃物がほかの火や熱によって燃え出す。
2　正しい。密閉しないとアルコールが蒸発する。容器は**密閉**して、換気のよい**冷暗所**で貯蔵する。
3　正しい。40℃未満で**可燃性蒸気**を発生し、引火しやすいので火気を避ける必要がある。
4　誤り。比重は1より大きいのではなく、**小さい**。第2類は比重が1より大きいものが多いので間違えないようにしよう。
5　正しい。**乳白**色の**ゲル状**である。

問8　正解　5

1　誤り。熱水と反応して**水素**を発生するので注水消火は**避ける**。
2　誤り。熱水と反応して**水素**を発生するので泡消火剤の使用を**避ける**。
3　誤り。熱水と反応して**水素**を発生するので強化液消火剤の使用を**避ける**。
4　誤り。マグネシウムは、ほかの物質よりも酸素と結びつく力が強いため、**二酸化炭素中**でも燃焼する。よって二酸化炭素消火剤の使用を**避ける**。
5　正しい。**乾燥砂**などによる**窒息**消火が有効である。

物質それぞれによって性状が異なります。
どのような点が違うのか、または
共通する性状は何か、などをしっかりと
覚えるようにしましょう

問9　正解　4

1　誤り。水に**溶けない**が、常温でも空気中の水分と反応して**水素**を発生する。
2　誤り。酸にもアルカリにも溶けて**水素**を発生する。酸にもアルカリにも溶ける元素を両性元素という。
3　誤り。硫黄と混合して加熱すると、窒素ではなく**硫化亜鉛**を生じる。
4　正しい。比重は1より**大きい**ので水に沈む。
5　誤り。水を含んだ塩素（ハロゲン元素）と接触すると有毒ガスを発生するのではなく、**自然発火**する。

問10　正解　5

1　正しい。淡黄色の結晶で比重は1より**大きい**。
2　正しい。水によって加水分解して、**可燃**性で有毒な**硫化水素**を発生する。
3　正しい。燃焼すると、有毒な**二酸化硫黄**（**亜硫酸ガス**）を発生する。
4　正しい。二硫化炭素に**溶ける**。
5　誤り。無臭ではなく、**特異臭**がある。

2回目の模擬試験、お疲れさまでした。
明確に解答できなかった問題や
間違えた問題は、テキストを読み返す
などして理解を深めましょう！

第3類予想模擬試験　第1回 解答&解説

解答

問1	5	問2	4	問3	1	問4	3	問5	2
問6	4	問7	2	問8	1	問9	1	問10	5

解説

問1　正解　5

1　正しい。第1類危険物は、いずれも酸素を分子内に含んでおり、ほかの物質を**酸化**させる。また、大部分は強酸と反応して**酸素**を発生する。
2　正しい。第2類危険物は、いずれも**可燃**性の固体である。また、比較的低温で**着火**しやすく、燃焼速度が速い。
3　正しい。第4類危険物は、いずれも蒸気比重が1より**大きく**、**足元**に滞留して、危険性が増してしまう。
4　正しい。第5類危険物は、いずれも**可燃**性で燃焼速度が速い。また、大部分は加熱や衝撃で自己反応し発火する危険性がある。
5　誤り。第6類危険物は、酸化性の固体ではなく、**液体**である。また、**腐食**性があり、皮膚を侵す。

問2　正解　4

1　誤り。大部分は**自然発火性物質**であるが、例外もある。**リチウム**は、**禁水**性のみを有している。
2　誤り。大部分は**禁水性物質**であるが、例外もある。**黄りん**は、**自然発火**性のみを有している。
3　誤り。固体も**液体**もある。
4　正しい。大部分は可燃性で、**りん化カルシウム**、**炭化カルシウム**、**炭化アルミニウム**のみ不燃性である。
5　誤り。物質内に酸素を**含んでいない**。

問3　正解　1

1　誤り。アルコールに溶けて酸素ではなく、**水素**とアルコキシドを生じる。
2　正しい。**吸湿**性がある。
3　正しい。**ハロゲン元素**と激しく反応するので、ハロゲン化物消火剤は使用を避ける。
4　正しい。比重は1より**小さい**。
5　正しい。**金属材料**を腐食するので、貯蔵する際に注意が必要である。

問4　正解　3

1　誤り。水に**溶けない**。
2　誤り。**ベンゼン**には溶ける。また、**二硫化炭素**にも溶ける。
3　正しい。燃焼すると**十酸化四りん（五酸化二りん）**を生じる。
4　誤り。自然発火性は有するが、**禁水**性は有しない。
5　誤り。**毒**性はあり、猛毒である。

問5　正解　2

1　誤り。**禁水**性なので、水系の消火剤（水・泡・強化液）は使用**できない**。
2　正しい。黄りんは**自然発火**性を有するが、禁水性を有しない。
3　誤り。**禁水**性なので、水系の消火剤（水・泡・強化液）は使用**できない**。
4　誤り。**禁水**性なので、水系の消火剤（水・泡・強化液）は使用**できない**。
5　誤り。**禁水**性なので、水系の消火剤（水・泡・強化液）は使用**できない**。

問6　正解　4

1　正しい。無色の液体で比重は1より**大きい**。
2　正しい。**ジエチルエーテル**に溶ける。また、**ベンゼン**、**ヘキサン**にも溶ける。
3　正しい。空気中で自然発火する。この性質を**自然発火**性という。
4　誤り。禁水性を**有する**。水、アルコール、酸と激しく反応して可燃性の**炭化水素ガス**を発生する。
5　正しい。**引火**性があるので、取扱いに注意が必要である。

問7　正解　2

1　誤り。黄色ではなく、**銀白**色の金属結晶である。
2　正しい。ハロゲンと激しく反応して**ハロゲン化物**を生じる。そのため、ハロゲン化物消火剤は使用できない。
3　誤り。水と接触すると酸素ではなく、**水素**を発生する。
4　誤り。比重は1より大きいのではなく、1より**小さい**。固体の単体でもっとも軽い。
5　誤り。ナトリウムやカリウムより反応性が強いのではなく、**弱い**。

問8　正解　1

1　誤り。酸素ではなく、不活性ガスである**窒素**の中で貯蔵する。
2　正しい。容器に**安全弁**または**可溶栓**を取り付けて破損を防ぐ。
3　正しい。**火気**、**高温**を避ける。
4　正しい。**水**、**空気**との接触を避ける。
5　正しい。分解して容器内の圧力が上がる恐れがあるため、**耐圧性容器**に貯蔵する。

問9　正解　1

1　誤り。**ベンゼン**、**ジエチルエーテル**、**二硫化炭素**など多くの有機溶剤に溶ける。
2　正しい。蒸気が空気と混合すると、**爆発性のガス**になる。
3　正しい。比重は1より**大きく**、**水**によって加水分解して**塩化水素ガス**を発生する。
4　正しい。高温で分解して**ケイ素**に変わるので、半導体工業における**高純度化ケイ素**の主原料として利用される。
5　正しい。無色の液体で、**密栓**して貯蔵する。

問10　正解　5

1　誤り。水と反応して窒素ではなく、**可燃**性の**アセチレンガス**を発生する。
2　誤り。常温の乾燥空気中では**安定**している。
3　誤り。高温では強い**酸化**性ではなく、**還元**性がある。
4　誤り。炭化カルシウム自体は**不燃**性である。
5　正しい。**吸湿**性があり、比重は1より**大きい**。

第３類予想模擬試験　第２回 解答＆解説

解答

問1	4	問2	1	問3	4	問4	3	問5	5
問6	4	問7	1	問8	2	問9	3	問10	2

解説

問1　正解　4

1　正しい。第１類危険物は、いずれも**不燃**性の固体である。特徴としては、自身は燃えないが、分子内に含んだ**酸素**によってほかの物質を**酸化**させる。
2　正しい。第２類危険物は、いずれも**可燃**性の固体である。特徴としては、**着火**、**引火**しやすく**消火**が困難である。
3　正しい。第４類危険物は、いずれも**可燃**性の液体である。特徴としては、**可燃物**がほかの火や熱によって燃え出す。
4　誤り。第５類危険物は、いずれも**可燃**性であるが、液体だけでなく**固体**もある。特徴としては、**酸素**を含んでおり、加熱や衝撃で自己反応し**発火**する危険性がある。
5　正しい。第６類危険物は、いずれも**不燃**性の液体である。特徴としては、自身は燃えないが、分子内に含んだ**酸素**によってほかの物質を**酸化**させる。

問2　正解　1

1　誤り。比重は１より大きいものも**小さい**ものもある。
2　正しい。大部分は可燃性で、**りん化カルシウム**、**炭化カルシウム**、**炭化アルミニウム**のみ不燃性である。
3　正しい。大部分が**自然発火**性を有しており、**リチウム**のみ**禁水**性のみを有している。
4　正しい。大部分が**禁水**性を有しており、**黄りん**のみ**自然発火**性のみを有している。
5　正しい。**固体**と**液体**どちらもある。

問3　正解　4

1　誤り。**禁水**性なので、水系の消火剤（水・泡・強化液）は使用**できない**。
2　誤り。**禁水**性なので、水系の消火剤（水・泡・強化液）は使用**できない**。
3　誤り。**禁水**性なので、水系の消火剤（水・泡・強化液）は使用**できない**。
4　正しい。**乾燥砂**などの**窒息**消火が有効である。
5　誤り。常温でもハロゲンと反応するので**ハロゲン化物**消火剤は使用**できない**。

第１章「第１類～第６類の危険物の概要など」も試験では問われます。テキストを読んで内容を理解しておきましょう

問4　正解　3

1　誤り。**水**と激しく反応して腐食性の強い**水酸化リチウム**と**水素**を生じる。
2　誤り。高温で分解して**リチウム**と**水素**を生じる。
3　正しい。**吸湿**性があり、**水**との接触を避けて貯蔵する。
4　誤り。強酸化剤ではなく、**強還元剤**として使用される。
5　誤り。黄色ではなく、**白**色の結晶である。

問5　正解　5

1　正しい。カリウムの炎色反応は**紫**色である。
2　正しい。リチウムの炎色反応は**赤**色である。
3　正しい。カルシウムの炎色反応は**橙赤**色である。
4　正しい。バリウムの炎色反応は**黄緑**色である。
5　誤り。ナトリウムの炎色反応は青色ではなく、**黄**色である。

問6　正解　4

1　誤り。りん化カルシウム自体は**不燃**性なので、乾燥した空気中では**安定**している。ただし、水と反応して生じる**りん化水素（ホスフィン）**は自然発火性がある。
2　誤り。比重は**2.5**で1より大きいので水より**重い**。
3　誤り。白色ではなく、**暗赤**色の結晶である。
4　正しい。**水**や**酸**、**湿った空気**と激しく反応してりん化水素を生じる。りん化水素は**自然発火**性である。
5　誤り。アルカリに**溶けない**。

問7　正解　1

1　誤り。無臭ではなく、**刺激臭**があり皮膚に触れると薬傷を起こす。
2　正しい。**引火**性があるので、可燃物がほかの火や熱によって燃え出す。
3　正しい。空気中では**白煙**をあげて**発火**する。
4　正しい。**ジエチルエーテル**、**ベンゼン**、**パラフィン系炭化水素**に溶ける。
5　正しい。**酸**、水、アルコール、アミンなどと激しく反応して**ブタンガス**を発生する（ノルマルブチルリチウムのみ）。

問8　正解　2

1　正しい。容器の**破損**や**腐食**に注意する必要がある。
2　誤り。容器に通気孔のあるフタを**設けず**、容器は**密封**する。
3　正しい。水中で貯蔵する物品と禁水性物品とは、同一の貯蔵所で**貯蔵**してはいけない。
4　正しい。自然発火性物質は、**空気**、**高温体**との接触を避ける。**リチウム**以外は自然発火性物質である。
5　正しい。禁水性物質は、**水**との接触を避ける。**黄りん**以外は禁水性物質である。

問9　正解　3

1　誤り。空気中で速やかに**酸化**して**金属光沢**を失う。
2　誤り。イオン化傾向が小さいのではなく、**大きい**。
3　正しい。水と激しく反応して**水素**を発生する。そのため**禁水**性である。
4　誤り。アルコールに溶けて、**水素**と**アルコキシド**を発生する。
5　誤り。黄色ではなく、**銀白**色の固体である。

問 10 正解 2

1 正しい。水に溶けず、**ベンゼン**、**二硫化炭素**に溶ける。
2 誤り。常温（20℃）ではなく、約**50**℃で自然発火する。
3 正しい。ハロゲンと激しく**反応する**ので、**ハロゲン化物**消火剤は使用できない。
4 正しい。**猛毒**である。同素体の**赤りん**は毒性がほとんどない。
5 正しい。**濃硝酸**と反応して**リン酸**を生じる。

各物品の比重や引火性などの性質をしっかりと覚えて、本試験でも正解できるようになりましょう

予想模擬試験
解答&解説

第5類予想模擬試験　第1回 解答&解説

解答

問1	3	問2	5	問3	5	問4	4	問5	3
問6	1	問7	2	問8	4	問9	1	問10	5

解説

問1　正解　3

1　正しい。第1類危険物は、いずれも分子内に**酸素**を含んでおり、ほかの物質を**酸化**させる酸化剤である。
2　正しい。第2類危険物は、いずれも比較的低温で**着火**しやすい固体である。
3　誤り。第3類危険物は、大部分が**金属**または**金属を含む化合物**である。例外として、**黄りん**は非金属である。
4　正しい。第4類危険物は、いずれも**可燃**性の液体である。ガソリンや灯油が該当する。
5　正しい。第6類危険物は、いずれも**腐食**性があり皮膚を侵す液体である。

問2　正解　5

1　正しい。**ベンゼン**、**熱水**、**アルコール**、**ジエチルエーテル**に溶ける。
2　正しい。**黄**色の結晶で、比重は1より**大きい**。
3　正しい。**毒**性があるので取扱う際に注意が必要である。
4　正しい。水溶液は**強い酸**性で、金属と反応して**金属塩**を生じる。この金属塩は、爆発性がある。
5　誤り。無味ではなく**苦味**があり、**無臭**である。

問3　正解　5

1　誤り。無色の固体ではなく、無色透明の**油状液体**である。
2　誤り。水に**溶けない**。
3　誤り。無臭ではなく、特有の**臭気**がある。
4　誤り。比重は1より小さいのではなく、1より**大きい**。
5　正しい。**30℃以下**でもボロ布、酸化鉄、アルカリなどと接触すると分解する。

問4　正解　4

1　誤り。過酸化ベンゾイルは、**白**色の**粒状結晶**である。
2　誤り。トリニトロトルエンは、**淡黄**色の**結晶**である。
3　誤り。ジアゾジニトロフェノールは、**黄**色の**不定形粉末**である。
4　正しい。硝酸エチルは、**無色透明**の**液体**である。
5　誤り。塩酸ヒドロキシルアミンは、**白**色の**結晶**である。

問5　正解　3

1　正しい。水に**溶けにくく**、比重は1より**大きい**。
2　正しい。**ジエチルエーテル**、**アルコール**に溶ける。
3　誤り。黄色ではなく、**白**色の固体である。
4　正しい。**光**、**熱**で容易に分解する。

5 正しい。融点以上に加熱すると、窒素と有毒な**シアンガス**を発生する。

問6 正解 1

1 誤り。ジエチルエーテルには**溶けない**。また、エタノールに溶けにくい。
2 正しい。徐々に加熱すると、**窒素**と**金属ナトリウム**に分解する。金属ナトリウムは**禁水**性なので**注水**厳禁である。
3 正しい。急激に加熱すると、激しく分解して**爆発**する恐れがある。
4 正しい。水があると重金属と反応して**アジ化物**を生じる。アジ化物は**爆発**性がある。
5 正しい。**毒**性が強い。

問7 正解 2

1 誤り。水に溶けて、水溶液は**強い酸**性で金属を**腐食**する。
2 正しい。アルコールに**溶けない**。
3 誤り。酸化性ではなく、**還元**性が強い。
4 誤り。黄色ではなく、**白**色の結晶である。
5 誤り。比重は1より小さいのではなく、**大きい**。

問8 正解 4

1 正しい。可燃性なので**火気**を避ける。
2 正しい。可燃性なので**高温体**を避ける。
3 正しい。**乾燥**した**冷暗所**で貯蔵する。
4 誤り。水溶液に**鉄イオン**が存在すると、**発火**する恐れがあるため、ガラスやプラスチック製容器を使用する。
5 正しい。容器は**密栓**する。

問9 正解 1

1 誤り。強硝化綿はジエチルエーテルに**溶けない**。弱硝化綿は溶けて、**コロジオン**になる。
2 正しい。弱硝化綿は**無煙火薬**、ダイナマイト、ラッカーなどに使用される。
3 正しい。無味無臭で、比重は1より**大きい**。
4 正しい。水には**溶けず**、**酢酸エチル**、**アセトン**などによく溶ける。
5 正しい。**白**色の**綿状**または**紙状固体**である。

問10 正解 5

1 正しい。過酢酸は、**大量の水**で**冷却**消火する。
2 正しい。ジニトロソペンタメチレンテトラミンは、**大量の水噴霧**で**冷却**消火する。
3 正しい。硫酸ヒドラジンは、**大量の水**で**冷却**消火する。
4 正しい。硝酸グアニジンは、**大量の水**で**冷却**消火する。
5 誤り。アジ化ナトリウムは、徐々に加熱すると禁水性の**金属ナトリウム**を生じるので**注水**厳禁である。**乾燥砂**などで**窒息**消火する。

第5類予想模擬試験　第2回 解答&解説

解答

問1	2	問2	3	問3	5	問4	3	問5	4
問6	3	問7	5	問8	4	問9	2	問10	4

解説

問1　正解　2

1　正しい。第1類危険物は、**酸素**を分子内に含んでおり、大部分が**強酸**と反応して酸素を発生する。
2　誤り。いずれも還元されやすいのではなく、**酸化**されやすい。
3　正しい。大部分が**金属**または**金属を含む化合物**である。例外として、**黄りん**は非金属である。
4　正しい。大部分が電気の**不良導体**のため、**静電気**を蓄積しやすい。第4類危険物は**ガソリン**や**灯油**が該当し、ガソリンスタンドに静電気除去シートがあるのは、第4類危険物が**静電気**を蓄積しやすいからである。
5　正しい。大部分が**刺激臭**を有する。有毒な蒸気を発生するので吸入しないようにする。

問2　正解　3

1　誤り。白色ではなく、**淡黄**色の結晶である。
2　誤り。水に**溶けず**、**熱水**、**ジエチルエーテル**、**ベンゼン**、**アセトン**に溶ける。
3　正しい。金属と**反応しない**。同じニトロ化合物のピクリン酸は、水溶液が**強い酸**性で金属と反応して爆発性の**金属塩**を生じる。
4　誤り。日光にあたると淡黄色ではなく、**茶褐**色になる。
5　誤り。比重は1より小さいのではなく、1より**大きい**。

問3　正解　5

1　正しい。水にほとんど**溶けない**。
2　正しい。**アセトン**、**酢酸**に溶ける。
3　正しい。燃焼現象は**爆ごう**を起こしやすい。**爆ごう**とは、爆発的に燃焼するときに火炎の伝播速度が音速を超える現象である。
4　正しい。比重は1より**大きい**ので水に沈む。
5　誤り。光にあたると白色ではなく、**褐**色に変色する。

問4　正解　3

1　正しい。いずれも**可燃**性で**自己反応性物質**の集まりである。
2　正しい。いずれも比重は1より**大きい**ので水に沈む。
3　誤り。大部分は分子内に**酸素**を含んでいるが、アジ化ナトリウム（NaN_3）は分子内に酸素を含んでいない。
4　正しい。大部分は**水**と反応しないので、**注水**消火できる。
5　正しい。**固体**または**液体**で、いずれも燃焼速度が速い。

問5 正解 4

1 誤り。ジエチルエーテルやベンゼンなどの**有機溶剤**に溶ける。
2 誤り。刺激臭はなく、**無臭**である。
3 誤り。乾燥させると**危険**性が増す。
4 正しい。**常温（20℃）**で安定している。100℃前後で分解して**有毒ガス**を生じる。
5 誤り。強い還元作用ではなく、**酸化**作用がある。

問6 正解 3

1 正しい。大量の水による**注水**消火は適している。
2 正しい。**泡**消火剤は適している。
3 誤り。**ハロゲン化物**消火剤は適していない。
4 正しい。**乾燥砂**は適している。
5 正しい。**防じんマスク**、**保護メガネ**などを着用する。

問7 正解 5

1 正しい。**有機溶剤**に溶ける。
2 正しい。水にはほとんど溶けず、比重は1より**大きい**。
3 正しい。**ダイナマイト**の原料として使用されている。
4 正しい。**有毒**で甘みがある。
5 誤り。8℃で凍結し、凍結すると安定するのではなく、**危険**性が増す。

問8 正解 4

1 誤り。水に溶けないのではなく、水に**溶ける**。
2 誤り。強力な還元剤ではなく、**酸化剤**である。
3 誤り。**有毒**である。
4 正しい。自動車の**エアバッグ**に使用されている。
5 誤り。比重は1より小さいのではなく、**大きい**。

問9 正解 2

1 正しい。**火気**、**摩擦**を避ける。
2 誤り。**乾燥**すると危険性が増すので乾燥を避ける。
3 正しい。**ヨウ素**、**硫黄**など酸化されやすい物質との混合を避ける。
4 正しい。**金属製容器**を避ける。
5 正しい。**衝撃**、**打撃**を避ける。

問10 正解 4

1 誤り。**ガソリン**、**ベンジン**に溶けない。
2 誤り。約100℃ではなく、約**200**℃で分解して、ホルムアルデヒド、アンモニア、窒素を生じる。
3 誤り。強アルカリではなく、**強酸**に接触すると爆発的に分解して**発火**する恐れがある。
4 正しい。**淡黄**色の粉末で、**水**にわずかに溶ける。
5 誤り。比重は1より小さいのではなく、**大きい**。

第6類予想模擬試験　第1回 解答&解説

解答

問1	3	問2	4	問3	2	問4	3	問5	1
問6	4	問7	5	問8	2	問9	4	問10	5

解説

問1　正解　3

1　正しい。第1類危険物は、いずれも**不燃**性の固体でほかの物質を酸化させる。
2　正しい。第2類危険物は、いずれも**可燃**性の固体である。比較的低温で**着火**しやすい。
3　誤り。第3類危険物は、大部分が**可燃**性の固体または液体である。例外として、りん化カルシウム、炭化カルシウム、炭化アルミニウムのみ**不燃**性である。
4　正しい。第4類危険物は、いずれも**可燃**性の液体である。**引火**性でもあるため、貯蔵・取扱いに注意が必要である。
5　正しい。第5類危険物は、いずれも**可燃**性の固体または液体である。また、分子内に**酸素**を含んでいるものが多く、燃焼速度が速い。

問2　正解　4

1　正しい。いずれも**不燃**性である。
2　正しい。いずれも**腐食**性があり、皮膚を侵す。
3　正しい。いずれも**酸化力**が強く、可燃物や有機物を**酸化**させる。
4　誤り。いずれもではなく、**大部分**は有毒な蒸気を発生する。
5　正しい。いずれも**液体**である。第6類危険物は**酸化性液体**の集まりである。

問3　正解　2

1　誤り。濃硝酸はアルミニウムが**不動態被膜（酸化被膜）**を作るため溶かせない。
2　正しい。**有機物**、**濃アンモニア**と接触すると爆発する恐れがある。
3　誤り。湿気を含む空気中で白色ではなく、**褐**色に発煙する。
4　誤り。水溶液は弱い酸性ではなく、**強い**酸性である。
5　誤り。**無**色の液体である。発煙硝酸は**赤**色または**赤褐**色の液体である。

問4　正解　3

1　正しい。**加熱**、**直射日光**などを避ける。
2　正しい。**風通し**のよい場所で取扱う。
3　誤り。大部分は容器を**密栓**するが、過酸化水素は**通気孔**のあるフタを使用する。
4　正しい。**可燃物**、**有機物**、**酸化されやすい物質**との接触を避ける。
5　正しい。取扱う際は**保護具**を着用する。

問5　正解　1

1　誤り。発煙硝酸の水溶液は、弱い酸性ではなく、**強い**酸性である。
2　正しい。五フッ化ヨウ素は、**水**と激しく反応して、猛毒で腐食性のある**フッ化水素**を生じて発熱する。

3 正しい。過塩素酸は、空気中で**白煙**を生じる。
4 正しい。過酸化水素の水溶液は、**弱い酸**性である。
5 正しい。五フッ化臭素は、空気中で**発煙**する。また、三フッ化臭素と同様に水と激しく反応して、猛毒で腐食性のある**フッ化水素**を生じて発熱する。

問6 正解 4

1 誤り。水と接触すると音を出して**発熱**する。
2 誤り。**不燃**性で、加熱すると**塩化水素**を発生して爆発する。
3 誤り。水に**よく溶けて**、水溶液は**強い酸**性である。
4 正しい。**無**色の**発煙**性のある液体である。第6類危険物はいずれも液体なので覚えておこう。
5 誤り。比重は1より小さいのではなく、**大きい**。

問7 正解 5

1 正しい。空気中で**発煙**する。
2 正しい。木材、紙、油脂類などの可燃性物質と接触すると**発熱反応**が起こる。
3 正しい。加水分解して**有毒ガス**を発生する。消火の際は、防毒マスクを着用しよう。
4 正しい。水と激しく反応して、猛毒で腐食性のある**フッ化水素**を生じて発熱する。
5 誤り。低温で固化して無水フッ化水素酸などの触媒に**常温（20℃）**で溶ける。

問8 正解 2

1 誤り。**鉄**は、過酸化水素に混合すると反応が速まり、爆発する恐れがある。
2 正しい。**アセトアニリド**は、過酸化水素に安定剤として添加される物質である。
3 誤り。**メタノール**は、過酸化水素に混合すると爆発する恐れがある。
4 誤り。**二酸化マンガン**は触媒なので、反応を促進して爆発する恐れがある。
5 誤り。**クロム**は、過酸化水素に混合すると爆発する恐れがある。

問9 正解 4

1 正しい。三フッ化臭素は、**乾燥砂**で消火する。
2 正しい。硝酸は、**水溶性液体用泡**消火剤で消火する。
3 正しい。過塩素酸は、大量の水による**冷却**消火で消火する。
4 誤り。五フッ化ヨウ素は、泡消火剤ではなく、**乾燥砂**で消火する。
5 正しい。過酸化水素は、大量の**水**による冷却消火で消火する。

問10 正解 5

1 正しい。水に**溶けて**、水溶液は**弱い酸**性である。
2 正しい。**ベンゼン**、**石油**に溶けない。
3 正しい。非常に不安定な物質で、濃度50%以上のものは**常温（20℃）**でも水と酸素に分解して発熱する。
4 正しい。強い**酸化剤**で、強い酸化剤に対しては**還元剤**として作用する。
5 誤り。安定剤として二酸化マンガンではなく、**リン酸**や**尿酸**が添加される。二酸化マンガンは触媒なので、反応を促進して爆発する恐れがある。

第6類予想模擬試験　第2回 解答&解説

解答

問1	4	問2	2	問3	4	問4	1	問5	2
問6	2	問7	1	問8	5	問9	3	問10	5

解説

問1　正解　4

1　正しい。大部分が**無**色の結晶または**白**色の粉末である。また、いずれも比重は1より**大きい**ので水に沈む。

2　正しい。大部分の比重が1より**大きい**ので水に沈む。

3　正しい。大部分が**自然発火**性と**禁水**性の両方の性質を有する。例外もあり、**黄りん**は**自然発火**性のみを有し、**リチウム**は**禁水**性のみを有する。

4　誤り。大部分の比重が1より大きいのではなく、**小さい**ので水に浮く。

5　正しい。大部分が**分子内**に**酸素**を含んでいる。

問2　正解　2

1　正しい。水と激しく反応して、猛毒で腐食性のある**フッ化水素**を生じて発熱する。

2　誤り。三フッ化臭素よりも反応性に富み、ほとんどの元素や化合物と反応して**フッ化物**を生じる。

3　正しい。臭素とフッ素を**200**℃で反応させて作られる。

4　正しい。**無**色の液体で、比重は1より**大きい**。

5　正しい。空気中で**発煙**する。

問3　正解　4

1　誤り。H_2O_2 は過酸化水素である。水溶液は強い酸性ではなく、**弱い**酸性である。

2　誤り。**水**や**アルコール**には溶けるが、**石油**や**ベンゼン**には溶けない。

3　誤り。二酸化マンガンは触媒なので、反応を促進して**爆発**する恐れがある。安定剤として**リン酸**や**尿酸**、**アセトアニリド**などが添加される。

4　正しい。強い**酸化剤**である。強い酸化剤に対しては**還元剤**として作用する。

5　誤り。比重は1より小さいのではなく、**大きい**。

性質などを覚えにくい場合は、紙に書く、声に出すなど、いろいろと試してみて自分にあった暗記法を見つけましょう

問4　正解　1

1　誤り。無色ではなく、**赤**色または**赤褐**色の液体である。
2　正しい。比重は1より**大きい**。
3　正しい。水と任意の割合で溶けて**発熱**し、水溶液は**強い酸**性を示す。
4　正しい。空気中で**褐**色の**二酸化窒素**を発生する。
5　正しい。濃硝酸に**二酸化窒素**を**加圧飽和**させたものである。発煙硝酸は、濃硝酸よりも**酸化力**が強い。

問5　正解　2

1　誤り。水と激しく反応するため、**注水**消火は適さない。
2　正しい。りん酸塩類の**粉末**消火剤や**乾燥砂**での窒息消火が適した消火方法である。
3　誤り。水と激しく反応するため、**強化液**消火剤は適さない。
4　誤り。水と激しく反応するため、**湿った砂**をかけてはいけない。
5　誤り。水と激しく反応するため、**泡**消火剤は適さない。

問6　正解　2

1　正しい。**可燃物**との接触を避ける必要がある。
2　誤り。第6類危険物は自然発火性ではないので、空気との接触を避ける必要はない。**風通し**のよい場所で取扱う。
3　正しい。**直射日光**を避ける必要がある。
4　正しい。**火気**、**可燃物**、**有機物**との接触を避ける必要がある。
5　正しい。**水**と激しく反応するものがあり、それらの物質は**水**との接触を避ける必要がある。

問7　正解　1

1　誤り。極めて不安定な物質で、常圧で容器を**密閉**して冷暗所に貯蔵しても徐々に分解・黄変し、分解生成物が触媒となって爆発的に分解する。
2　正しい。**無**色の発煙性液体で、比重は1より**大きい**。
3　正しい。水に溶けて、水溶液は**強い酸**性である。多くの金属と反応して、**酸化物**と**水素**を生じる。
4　正しい。過塩素酸塩自体は**不燃**性だが、加熱すると**塩化水素**を発生して爆発する。
5　正しい。水と接触すると音を出して**発熱**する。

問8　正解　5

1　誤り。固体ではなく、**液体**である。第6類危険物は**酸化性液体**の集まりなので覚えておこう。
2　誤り。比重は1より小さいのではなく、**大きい**。
3　誤り。**硝酸**のように加熱すると酸素を発生するものもあるが、**ハロゲン間化合物**のように酸素を発生しないものもある。
4　誤り。無色のものが多いが、発煙硝酸は**赤**色または**赤褐**色である。また、無臭ではなく、**刺激臭**を有するものが多い。
5　正しい。いずれも**不燃**性で、**酸化**性の液体である。

問9　正解　3

1　正しい。ガラスを溶かすので、**ガラス製の容器**は使用できない。
2　正しい。赤りん、有機物、硫黄などと接触すると**酸化**して**発火**する恐れがある。
3　誤り。ほとんどの金属や非金属と反応して酸素ではなく、**フッ化物**を生じる。
4　正しい。水と激しく反応して、猛毒で腐食性のある**フッ化水素**を生じて発熱する。
5　正しい。無色の液体で比重は1より**大きい**。

問10　正解　5

1　正しい。**散水**での消火は適している。
2　正しい。**水溶性液体用泡**消火剤での消火は適している。
3　正しい。流出した際は、**土砂**をかけて流出を阻止するのは適している。
4　正しい。**噴霧水**での消火は適している。
5　誤り。**棒状注水**で消火すると、本品があふれ出し、火災拡大、生物に対する有害性や環境汚染を引き起こす恐れがある。

模擬試験を解き終えたら解答一覧を見て
自己採点しましょう。間違えた問題を
ピックアップして、試験本番までに
確実に解答できるようになってください！

索引

あ行

か行

さ行

た行

な行

は行

ま行

や行

ら行

けみ
化学系の大学を卒業後、東証プライム上場企業に入社。大学在学中に甲種 危険物取扱者、第二種電気工事士、技術士補、中級バイオ技術者、食品衛生管理者の資格を取得。甲種 危険物取扱者の合格を自学習のみで遂げた経験をもとに2020年3月から乙種第4類 危険物取扱者の試験対策動画をYouTube「けみちるちゃんねる」で公開。登録者数は7万人超。乙種第1類～第6類の関連動画だけで総再生回数が700万回を超えており、「本当にわかりやすい」「動画を見て一発合格できた」などと受講者から好評を得ている。著書に『この1冊で合格！教育系YouTuberけみの乙種第4類 危険物取扱者 テキスト＆問題集』（KADOKAWA）がある。

YouTube「けみちるちゃんねる」
（YouTube上で「けみ　乙種」で検索！）
https://www.youtube.com/@kemitiru/featured

この1冊で合格！
教育系YouTuberけみの
乙種第1・2・3・5・6類 危険物取扱者
テキスト＆問題集

2023年8月12日　初版発行

著者／けみ

発行者／山下 直久

発行／株式会社KADOKAWA
〒102-8177　東京都千代田区富士見2-13-3
電話 0570-002-301（ナビダイヤル）

印刷所／株式会社加藤文明社印刷所
製本所／株式会社加藤文明社印刷所

●お問い合わせ
https://www.kadokawa.co.jp/（「お問い合わせ」へお進みください）
※内容によっては、お答えできない場合があります。
※サポートは日本国内のみとさせていただきます。
※Japanese text only

定価はカバーに表示してあります。

ISBN 978-4-04-606097-6　C3043